全国一级造价工程师职业资格考试一本通

建设工程造价管理备考一本通

（2022 版）

主　编　左红军
副主编　孙　琦
主　审　朱俊文

机械工业出版社

本书以一级造价工程师考试大纲及教材为纲领，以现行法律法规、标准规范为依据，以历年真题反馈出的高频知识点为载体，在突出考点分布和答题技巧的同时，兼顾本科目知识体系框架的建立，并与案例分析科目相呼应。内容涵盖近三年考题分值分布、核心考点精解以及考点对应的经典真题训练。

本书有3大特色：一是从全局入手，建立脉络清晰的考点框架；二是通过统计各考点在往年考试中的出现频率，判定考点重要级别，精炼重中之重的考点，帮助考生在短时间内掌握关键内容，“读薄教材”；三是列举与考点相对应的经典真题，便于考生自测，通过做题训练来理解、掌握重要考点。

本书适合参加一级造价工程师职业资格考试的考生学习使用，也可作为造价从业者的参考用书。

图书在版编目（CIP）数据

建设工程造价管理备考一本通：2022版/左红军主编．—北京：机械工业出版社，2022.1

全国一级造价工程师职业资格考试一本通

ISBN 978-7-111-69999-6

Ⅰ.①建…　Ⅱ.①左…　Ⅲ.①建筑造价管理－资格考试－自学参考资料
Ⅳ.①TU723.3

中国版本图书馆CIP数据核字（2022）第006757号

机械工业出版社（北京市百万庄大街22号　邮政编码100037）
策划编辑：汤　攀　责任编辑：汤　攀
责任校对：刘时光　封面设计：马精明
责任印制：郜　敏
北京盛通商印快线网络科技有限公司印刷
2022年1月第1版第1次印刷
184mm×260mm · 11印张 · 239千字
标准书号：ISBN 978-7-111-69999-6
定价：45.00元

电话服务	网络服务
客服电话：010-88361066	机　工　官　网：www.cmpbook.com
010-88379833	机　工　官　博：weibo.com/cmp1952
010-68326294	金　　书　　网：www.golden-book.com
封底无防伪标均为盗版	机工教育服务网：www.cmpedu.com

前　言
——考试解析及复习指导

◆核心价值

本书紧扣考试大纲，依据最新的法律法规、标准规范及部门规章编写，并参考历年真题对本科目重新梳理。为有效提升阅读体验，最大限度降低考生的认知门槛，本书每一章节囊括近三年考题分值分布、核心考点及实战训练三大部分，考点详解主要以思维导图形式将每一章节的知识点划分为若干独立考点，帮助读者搭建框架体系，并对每个考点进行详细剖析，使考生掌握核心知识点；实战训练以历年经典真题为载体，通过对经典真题的作答，使读者提高应试技巧，兼顾实操细节。

◆框架体系

本科目共分为六章二十八节。建设工程造价管理（简称造价管理）这门学科的特点是每章知识点均相互独立，关联性不强。

第一章　工程造价管理及其基本制度

本章为开篇之章，主要介绍了造价管理中的基本概念以及基本原则，其特点是内容较少，考点集中，多以理论为主，个别数据需要记忆。考生需要学会抓大放小，如第五节国内外工程造价管理发展，篇幅较多而分值较少，不要作为重点来学习。

第二章　相关法律法规

本章为基础章节，重点介绍了5个法规和4部条例，涉及面大、范围广，但都属于精炼的介绍，学习难度不大。本章多以文字辨析及数字记忆题为主，虽侧重记忆，但切忌死记硬背，考生需要在理解的基础上掌握。其中第二节招标投标法及其实施条例又与案例分析科目息息相关。

第三章　工程项目管理

本章为重点章，内容最多。主要介绍了工程管理中的基本政策、规定以及方法，内容繁多，难度较大，但考点突出、热点稳定且针对性强，因此考生应当重点掌握高频考点，学会抓大放小。其中网络图、流水施工两节与案例分析科目相关。

第四章　工程经济

本章为重点章节，主要介绍了工程中经济评价的内容、方法及运用等。整章与案例分析科目联系紧密，涉及计算较多、学习难度较大，但考点历年出题重复率高。多以计算、分析、归类等题型为主，考生需要重点掌握，理解记忆，为学习案例分析科目打好基础。特别是第三节价值工程，考核方法较多，需要总结对比记忆。

第五章　工程项目投融资

本章属于次要章节，是看似简单却不易得分的一章。考查方式种类繁多，第一节工程项目资金来源考核知识点归类，资金成本则涉及一道计算题。第二节工程项目融资多以分析题形式出现，第三节与工程项目有关的税收及保险多以填空式的选择题形式出现。

第六章　工程造价管理及其基本制度

本章为重点章节，涉及决策、设计、发承包、施工、竣工阶段的全过程造价管理，与计价科目有所重合，且本章大部分内容与案列分析科目关联密切，内容繁多，知识零碎，学习时应抓大放小，争取做到性价比的最大化。

◆考核题型

根据问题的设问方法和考查角度，一级造价工程师的考试题型通常划分为四大类：综合论述题、细节填空题、判断应用题、计算题。

1. 综合论述题

这是近年来一级造价工程师考试公共科目命题的热点及趋势，也是目前考试的主打题型。此类型题目最大的特点的是考查的知识点多，涉及面广，要求考生能够系统而全面地掌握相关知识，这也提高了考试通过的难度。

在复习备考的过程中，考生需要系统而全面地对每科知识进行全面复习，通过知识体系框架的建立及习题练习，来保障对考试范围内知识点的覆盖程度。注意一级造价师的考试最重要的是对知识面的考查。

2. 细节填空题

细节填空题分为两类，首先是重要的知识点细节，即重要的期限、数字、组成、主体等；另外一种是对一些易混淆、易忽视、含义深的知识点的考查，题中会根据考生平时惯性思维、复习盲区等制造干扰选项来扰乱答题思路。

在复习备考的过程中，由于这类题具有比较强的规律性，考生应当通过历年真题的练习和老师的讲解，对这些知识点进行重点标注、归纳总结。

3. 判断应用题

这种题型是考试的难点题型，需要考生对工程经济的专业概念、理论、规范有深入而清醒的认识和理解，能够站在工程经济的角度，运用有关知识和工具对项目建设过程中出现的实际问题进行分析判断，进行合理有效的处理。

这部分知识点需要考生借助专业人士或辅导老师深入浅出的讲解，在理解的基础上系统掌握，而不是机械地背诵或记忆。而这类题也是考试改革和命题趋势所向，同时对考生实际工作也有很强的规范和指导意义。

4. 计算题

很多考生认为计算题是难点，但其实本科目考试的计算题并不复杂，计算本身是小学和初中的数学知识的运用，重点在于经济模型的建立和相关知识的理解。这部分内容的特点在于一旦掌握，长期不忘，无须记忆，分数稳拿，因此这部分内容应当是所有考生必须掌握的内容。

◆备考须知

1. 背书肯定考不过

在应试中，只靠背书是肯定考不过的，切记：体系框架是基础、细节理解是前提、归纳总结是核心、重复记忆是辅助。特别是非专业考生，必须借助从历年真题中归纳出的大量思维导图去理解每一个知识体系的模块。

2. 勾画教材考不过

从2014年开始通过勾画教材就能通过考试已经成为“历史上的传说”，造价管理考试的显著特点是以知识体系为基础的“海阔天空”，试题本身的难度并不大，但涉及的面太广。考生必须首先搭建属于自己的知识体系框架，然后通过真题的反复演练，在知识体系框架中填充考点。

3. 只听不练难通过

听课不是考试过关的唯一条件，但一个好老师的讲课对你搭建体系框架和突破体系难点会有很大帮助，特别是非专业考生。听完课后要配合历年真题进行精练，反复使用答题模板练习作答，形成题型定式。

4. 先案例课后公共课，统一部署、区别对待

赢在“格局”，输在“细节”。“格局”为一级造价师职业资格考试四科应统一部署，考点知识体系化，主次分明、分而治之、穿插迂回、各个击破。“细节”为日常的时间安排及投入，每章的知识点最终聚焦为一个个考点，一道道真题，日积月累，滴水穿石。

案例是历年考试的重中之重，也是能否通过一级造价师考试的关键所在，同时案例分析又融合了三门公共科目的主要知识内容，这就需要以案例分析为龙头形成体系框架，在此基础上跟进公共科目的选择题，从而达到“案例带动公共科目，公共科目助攻案例”的目的。

5. 三遍成活

考生对本书的内容做到“三遍成活”：

第一遍：重体系框架、重知识理解，本书通篇内容都要练习。

第二遍：重细节填充、重归纳辨析，对书中难点、重点要反复练习，归纳总结，举一反三。

第三遍：重查漏补缺、重错题难题，在考前最好的复习资料就是错题，对查漏补缺帮助很大。

◆超值服务

凡购买本书的考生，可免费享受：

（1）备考纯净学习群：群内会定期分享核心备考资料，全国考友齐聚此群交流分享学习心得。QQ群：638352108。

（2）20个历年考试高频知识点讲解：由左红军师资团队，根据本书内容及最新考试方向精心录制，实时根据备考进度更新，让您快速掌握考试难点。

（3）2022最新备考资料：电子版考点手册、历年真题试卷、2022备考白皮书、专用刷题小程序。

（4）1V1专属班主任：给您持续发送最新备考资料、监督学习进度、提供最新考情通报。

本书编写过程中得到了业内多位专家的启发和帮助，在此深表感谢！李伯惠、郝云飞、娄卫、龙康、付巍、马福强、李泽冰、谢钊茂、张文华、刘艳彪、莫小满、李悟敬、马李亚、董天翻、王新文、李宁、兰欣、诸艳艳、殷瑞庆、惠梦、张杰、李爽、周龙云、徐巧群、张斌、张群鹏、周小刚、程洋、刘宪、黄飞、何佳妮、王志、于淼、范林、屈亨泽、陈惠、李雪莲、林丰、吴长深、胡元勋、张婷婷、奚文睿、郑洪、赵妍妍、张云玲、于晓进、胡卉、吴杰等人参与了本书的资料收集、整理、校对等工作，在此一并致谢。由于时间和水平有限，书中难免有疏漏和不当之处，敬请广大读者批评指正。

编　者

目　　录

第一章

工程造价管理及其基本制度

近三年考题分值分布

考试年份	2019年			2020年			2021年		
分值分布	单选题	多选题	分值	单选题	多选题	分值	单选题	多选题	分值
第一章　工程造价管理及其基本制度	5	2	9	6	2	10	3	2	7
第一节　工程造价基本内容	1	0	1	2	0	2	0	0	0
第二节　工程造价管理的组织和内容	1	1	3	2	1	4	1	1	3
第三节　造价工程师管理制度	1	0	1	0	1	2	1	0	1
第四节　工程造价咨询管理	1	1	3	2	0	2	1	0	1
第五节　国内外工程造价管理发展	1	0	1	0	0	0	0	1	2

第一节　工程造价基本内容

核心考点

考点一：工程造价及计价特征

一、工程造价含义

二、工程计价特征

考点二：工程造价相关概念

一、静态投资与动态投资

二、建设项目总投资

三、建筑安装工程造价

考点一：工程造价及计价特征

一、工程造价含义

工程造价含义
- 概念　指工程项目在建设期（预计或实际）支出的建设费用
- 投资者
  - 指建设一项工程预期开支或实际开支的全部固定资产投资费用
  - 包括从策划、决策、实施直到竣工验收所花费的全部费用
- 市场交易
  - 工程发承包交易活动中形成的建筑安装工程费用或建设工程总费用
  - 工程承发包价格是一种重要且较为典型的工程造价形式，是双方共同认可的价格

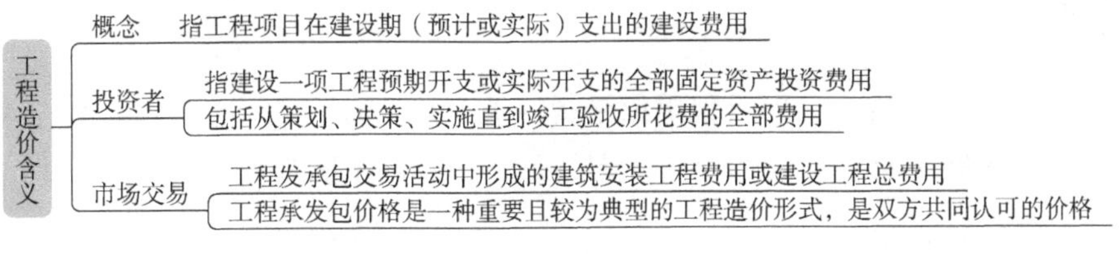

实战训练

1. 建设项目的造价是指项目总投资中的（　　）。

A. 固定资产与流动资产投资之和　　B. 建筑安装工程投资

C. 建筑安装工程费与设备费之和　　D. 固定资产投资总额

答案：D

2. 建设工程最典型的价格形式（　　）。

A. 业主方估算的全部固定资产投资　　B. 承发包双方共同认可的承发包价格

C. 经政府投资主管部门审批的设计概算　　D. 建设单位编制的工程竣工决算价格

答案：B

二、工程计价特征

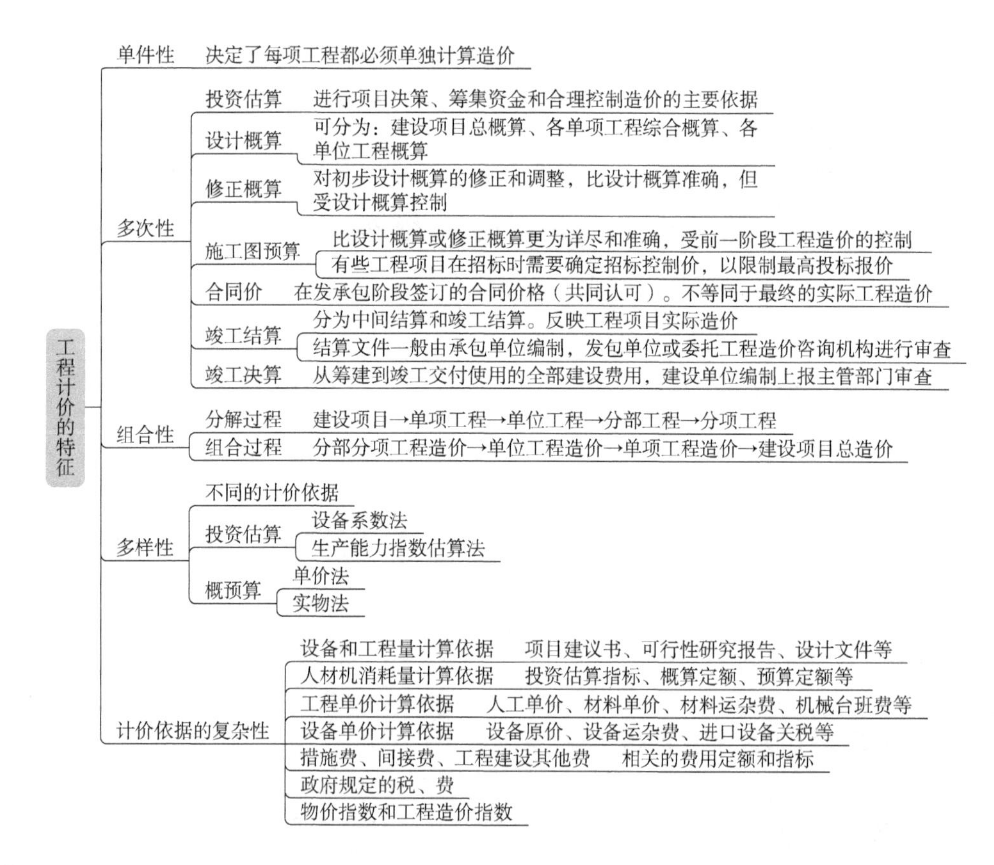

实战训练

1. 下列工程计价文件中，由承包单位编制的是（　　）。

A. 工程概算文件　　B. 施工图预算文件

C. 工程结算文件　　D. 竣工决算文件

答案：C

2. 为有效控制工程造价，业主应将工程造价管理的重点放在（　　）阶段。

A. 施工招标和价款结算　　B. 决策和设计

C. 设计和施工　　D. 招标和竣工验收

答案：B

3. 工程计价的依据有多种不同类型，其中工程单价的计算依据有（　　）。

A. 材料价格　　B. 投资估算指标

C. 机械台班费　　D. 人工单价

E. 概算定额

答案：ACD

考点二：　工程造价相关概念

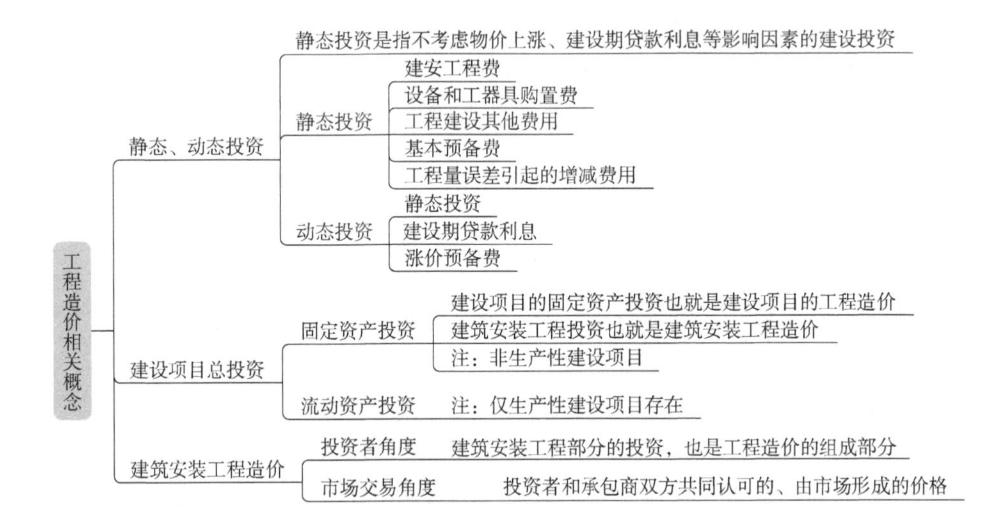

实战训练

1. 下列费用中，属于建设工程静态投资的是（　　）。

A. 涨价预备费　　B. 基本预备费

C. 建设贷款利息　　D. 资金占用成本

答案：B

2. 建设项目的造价是指项目总投资中的（　　）。

A. 固定资产与流动资产投资之和　　B. 建筑安装工程投资

C. 建筑安装工程费与设备费之和　　D. 固定资产投资总额

答案：D

第二节　工程造价管理的组织和内容

核心考点

考点一：建设工程全面造价管理

考点二：工程造价管理的主要内容及原则

考点一：　建设工程全面造价管理

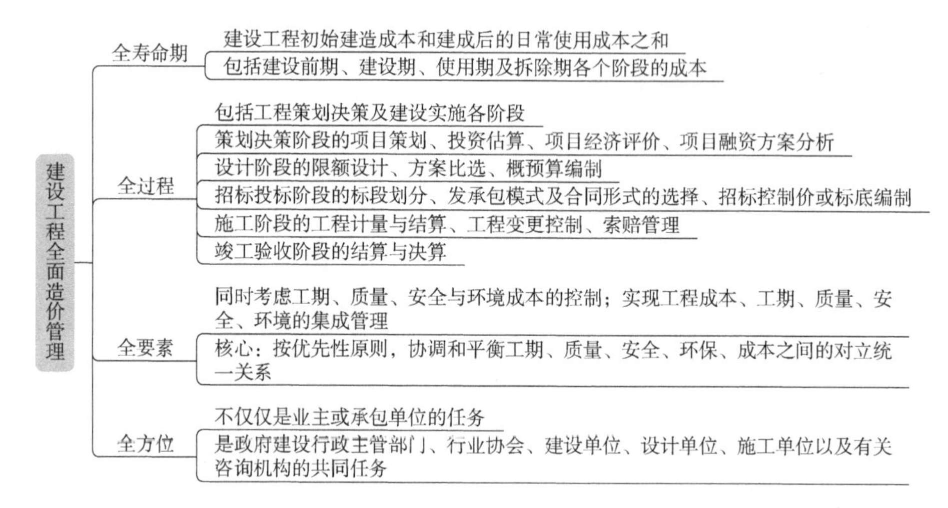

实战训练

1. 政府部门、行业协会、建设单位、施工单位及咨询机构通过协调工作，共同完成工程造价控制任务，属于建设工程全面造价管理中的（　　）。

A. 全过程造价管理　　B. 全方位造价管理

C. 全寿命期造价管理　　D. 全要素造价管理

答案：B

2. 下列工作中，属于工程招标投标阶段造价管理内容的是（　　）。

A. 承发包模式选择　　B. 融资方案设计

C. 组织实施模式选择　　D. 索赔方案设计

答案：A

3. 建设工程全要素造价管理是指要实现（　　）的集成管理。

A. 人工费、材料费、施工机具使用费

B. 直接成本、间接成本、规费、利润

C. 工程成本、工期、质量、安全、环境

D. 建筑安装工程费用、设备及工器具费用、工程建设其他费用

答案：C

考点二： 工程造价管理的主要内容及原则

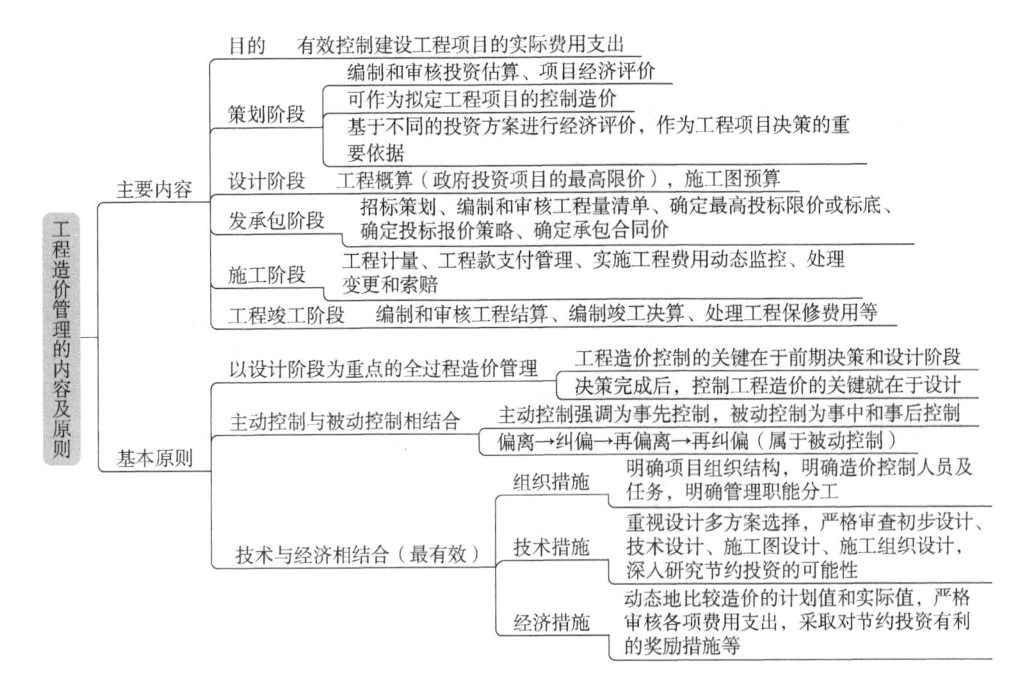

实战训练

1. 技术与经济相结合是控制工程造价的最有效手段。下列工程造价控制措施中，属于技术措施的有（　　）。

A. 明确造价控制人员的任务　　B. 开展设计的多方案比选

C. 审查施工组织设计　　D. 对节约投资给予奖励

E. 通过审查施工图设计研究节约投资的可能性

答案：BCE

2. 下列工作中，属于工程项目策划阶段造价管理内容的是（　　）。

A. 投资方案经济评价　　B. 编制工程量清单

C. 审核工程概算　　D. 确定投标报价

答案：A

3. 建设工程项目投资决策完成后，有效控制工程造价的关键在于（　　）。

A. 审核施工图预算　　B. 进行设计多方案比选

C. 编制工程量清单　　D. 选择施工方案

答案：B

第三节　造价工程师管理制度

核心考点

考点：造价工程师的注册与职业

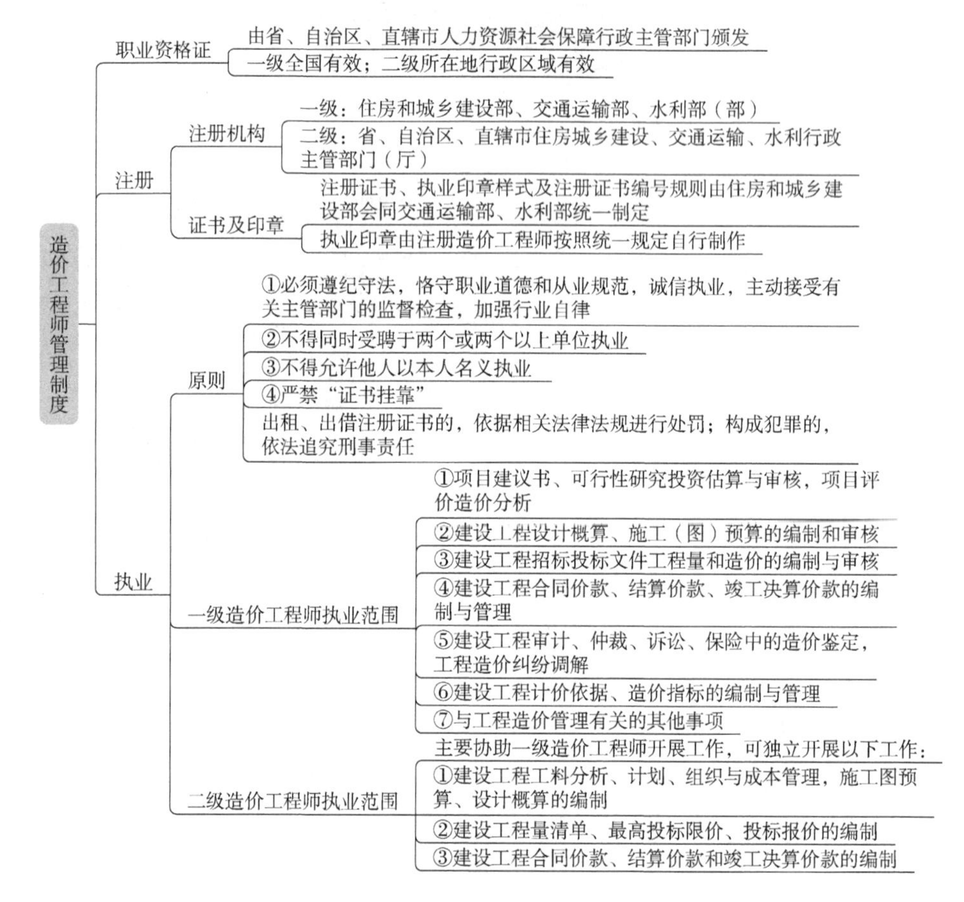

实战训练

1. 二级造价工程师执业工作内容是（　　）。

A. 编制项目投资估算　　B. 编制最高投标限价

C. 审查工程清单　　D. 审核工程结算

答案：B

2. 关于造价工程师执业的说法，正确的是（　　）。

A. 造价工程师可同时在两家单位执业

B. 取得造价工程师职业资格证书后即可以个人名义执业

C. 造价工程师执业时应持注册证书和执业印章

D. 造价工程师只可允许本单位从事造价工作的其他人员以本人名义执业

答案：C

第四节 工程造价咨询管理

核心考点

考点：工程造价咨询管理

一、业务承接

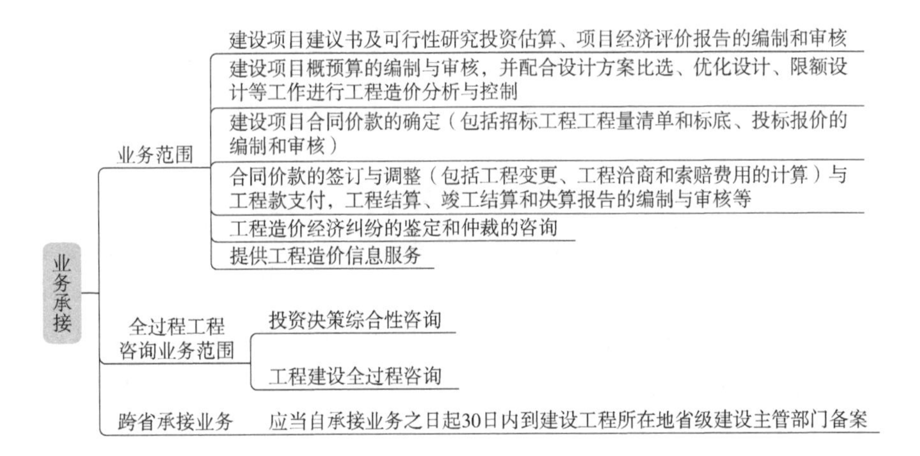

实战训练

1. 根据《工程造价咨询企业管理办法》，属于工程造价咨询业务范围的工作有（　　）。

A. 项目经济评价报告编制　　B. 工程竣工决算报告编制

C. 项目设计方案比选　　D. 工程索赔费用计算

E. 项目概预算审批

答案：ABD

2. 下列工程造价咨询企业的行为中，属于违规行为的是（　　）。

A. 向工程造价行业组织提供工程造价企业信用档案信息

B. 在工程造价成果文件上加盖有企业名称、资质等级及证书编号的执业印章，并由执行咨询业务的注册造价工程师签字、加盖个人执业印章

C. 跨省承接工程造价业务，并自承接业务之日起 30 日内到建设工程所在地省级人民政府建设主管部门备案

D. 同时接受招标人和投标人对同一工程项目的工程造价咨询业务

答案：D

二、法律责任

- 法律责任
  - 经营违规的责任
    - 跨省、自治区、直辖市承接业务不备案的责令限期整改，逾期未改正的可处以5000元以上2万元以下的罚款
  - 其他违规责任
    - 工程造价咨询企业有下列行为之一的，责令限期改正，并处以1万元以上3万元以下的罚款
    - ①同时接受招标人和投标人或两个以上投标人对同一工程项目的工程造价咨询业务
    - ②以给予回扣、恶意压低收费等方式进行不正当竞争
    - ③转包承接的工程造价咨询业务
    - ④法律、法规禁止的其他行为

实战训练

1. 根据《工程造价咨询企业管理办法》，工程造价咨询企业可被处1万元以上3万元以下罚款的情形是（　　）。

A. 跨地区承接业务不备案的　　B. 出租、出借资质证书的

C. 设立分支机构未备案的　　D. 提供虚假材料申请资质的

答案：B

2. 根据《工程造价咨询企业管理办法》，工程造价咨询企业非法转让资质证书的，由县级以上地方人民政府建设主管部门或者有关专业部门给予警告，责令限期改正，并处以（　　）。

A. 3000元以上5000元以下。　　B. 5000元以上2万元以下

C. 1万元以上3万元以下　　D. 2万元以上5万元以下

答案：C

第五节　国内外工程造价管理发展

核心考点

考点一：发达国家和地区工程造价管理

考点二：我国工程造价管理发展（略）

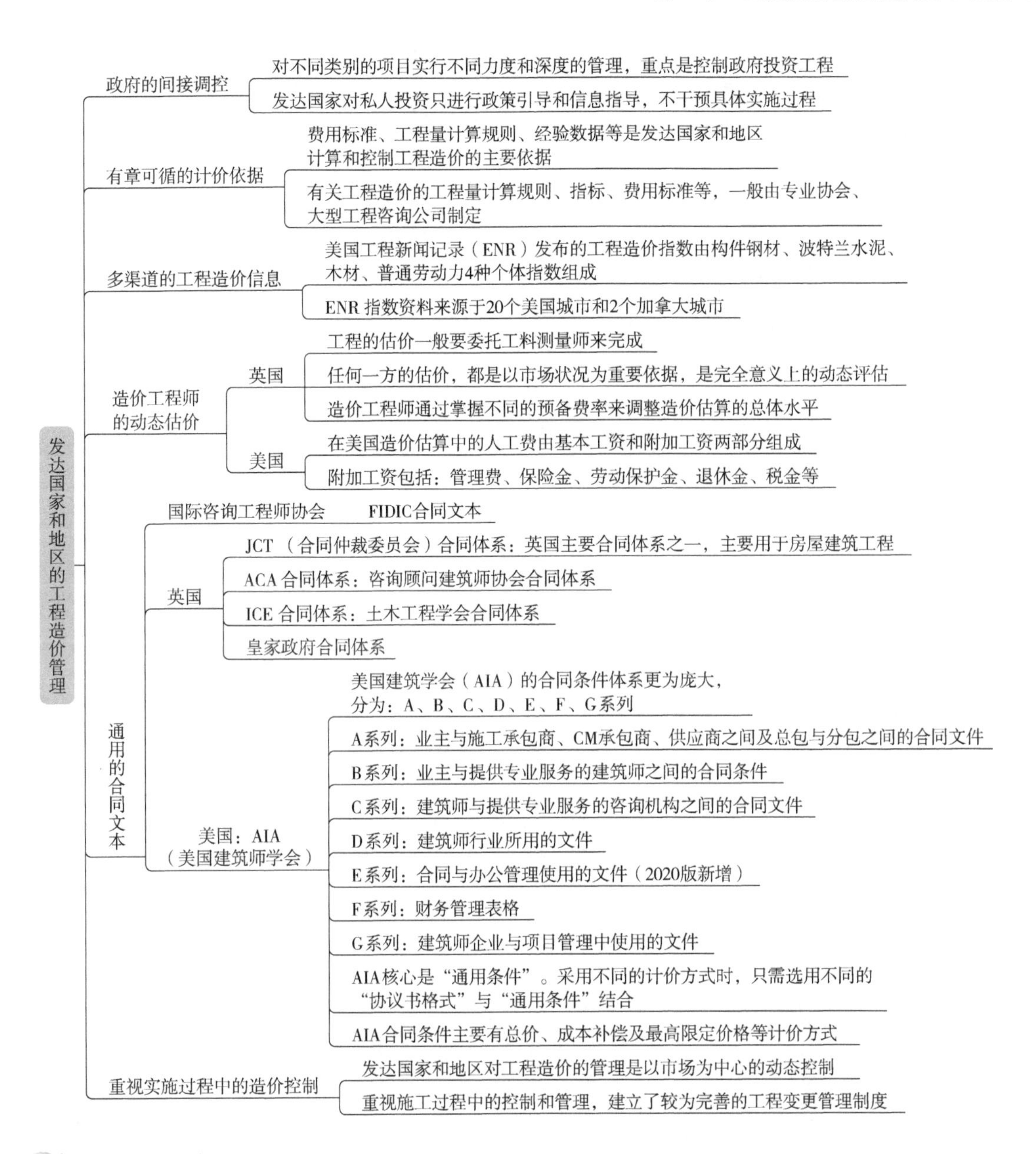

实战训练

1. 在英国完整的建设工程标准合同体系中，适用于房屋建筑工程的是（　　）合同体系。

A. ICE　　B. ACA　　C. JCT　　D. AIA

答案：C

2. 美国的工程造价估算中，管理费和利润一般是在某些费用基础上按照一定比例计算，这些费用包括（　　）。

A. 人工费　　B. 材料费

C. 设备购置费　　D. 机械使用费

E. 开办费

答案：ABD

3. 美国建筑师学会（AIA）合同条件体系中的核心是（　　）。

A. 财务管理表格　　B. 专用条件

C. 合同管理表格　　D. 通用条件

答案：D

第二章

相关法律法规

近三年考题分值分布

考试年份	2019年			2020年			2021年		
章节	单选题	多选题	分值	单选题	多选题	分值	单选题	多选题	分值
第二章　相关法律法规	6	3	12	7	4	15	7	2	11
第一节　建筑法及相关条例	2	1	4	2	2	6	2	0	2
第二节　招标投标法及其实施条例	1	1	3	2	0	2	2	1	4
第三节　政府采购法及其实施条例	1	0	1	1	0	1	0	1	2
第四节　民法典合同编及价格法	2	1	4	2	2	6	3	0	3

第一节　建筑法及相关条例

核心考点

考点一：建筑法

一、建筑许可

二、建筑工程发包与承包

三、建筑工程监理

四、建筑安全生产管理

五、建筑工程质量管理

考点二：建设工程质量管理条例

一、建设单位的质量责任和义务

二、勘察、设计单位的质量责任和义务

三、施工单位的质量责任和义务

四、工程监理单位的质量责任和义务

五、工程质量保修

六、监督管理

考点三：建设工程安全生产管理条例

一、建设单位的安全责任

二、勘察、设计、工程监理及其他有关单位的安全责任

三、施工单位的安全责任

四、监督管理

五、生产安全事故的应急救援和调查处理

考点一：建筑法

一、建筑许可

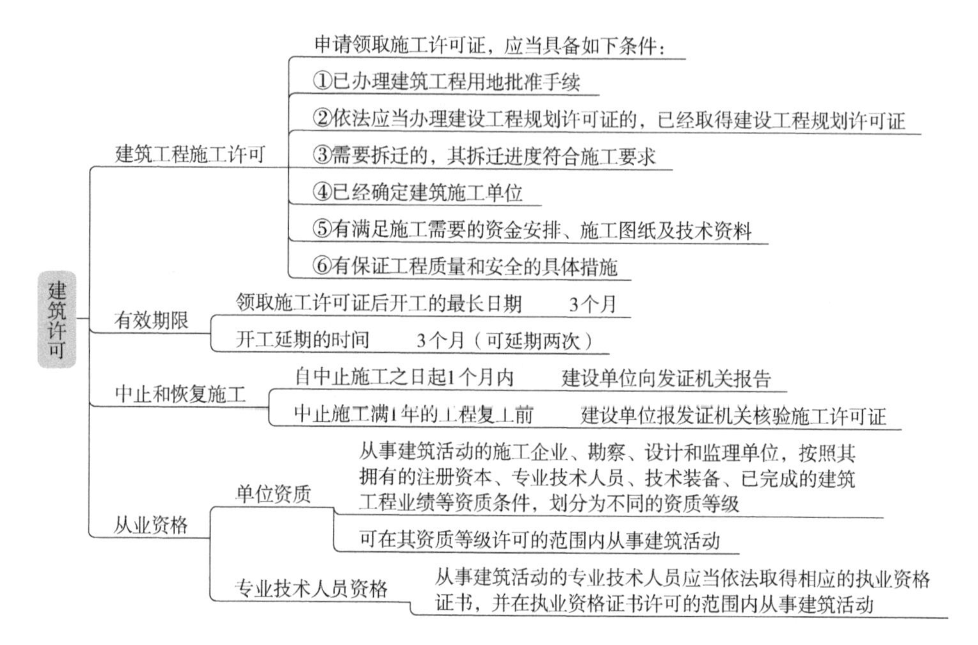

实战训练

1. 根据《建筑法》，申领施工许可证应具备的条件有（　　）。

A. 建设资金已全额到位

B. 已提交建筑工程用地申请

C. 已经确定建筑施工单位

D. 有保证工程质量和安全的具体措施

E. 已完成施工图技术交底和图纸会审

答案：CD

2. 某建筑装饰工程取得施工许可证后，建设单位资金不到位，准备延期8个月开工。关于该施工许可证有效期限的说法，正确的是（　　）。

A. 在发证机关收回前一直有效

B. 由建设单位报发证机关核验 1 次，即可连续有效

C. 在取得后第 3 个月申请延期 3 个月，在第 6 个月再申请延期 3 个月，才能有效

D. 无论如何，到 3 个月自行作废

答案：C

二、建筑工程发包与承包

实战训练

1. 根据《建筑法》，建筑工程由多个承包单位联合共同承包的，关于承包合同履行责任的说法，正确的是（ ）。

A. 由牵头承包方承担主要责任

B. 由资质等级高的承包方承担主要责任

C. 由承包各方承担连带责任

D. 按承包各方投入比例承担相应责任

答案：C

2. 根据《建筑法》，关于建筑工程承包的说法，正确的有（ ）。

A. 承包单位应在其资质等级许可的业务范围内承揽工程

B. 大型建筑工程可由两个以上的承包单位联合共同承包

C. 除总承包合同约定的分包外，工程分包须经建设单位认可

D. 总承包单位就分包工程对建设单位不承担连带责任

E. 分包单位可将其分包的工程再分包

答案：ABC

3. 根据《建筑法》，下列属于施工企业禁止的行为有（　　）。

A. 其他单位使用本企业的资质证书

B. 超越本企业资质等级许可范围承揽工程

C. 以本企业名义承揽工程

D. 经建设单位同意后将非主体工程分包给具有相应资质的单位

E. 将承包的全部工程转包给他人

答案：ABE

三、建筑工程监理

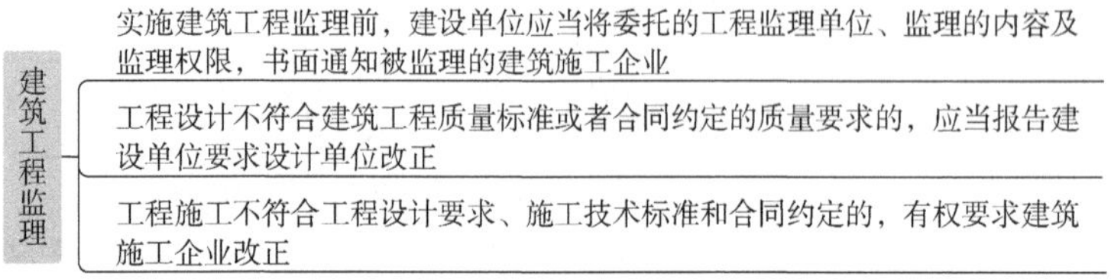

建筑工程监理
- 实施建筑工程监理前，建设单位应当将委托的工程监理单位、监理的内容及监理权限，书面通知被监理的建筑施工企业
- 工程设计不符合建筑工程质量标准或者合同约定的质量要求的，应当报告建设单位要求设计单位改正
- 工程施工不符合工程设计要求、施工技术标准和合同约定的，有权要求建筑施工企业改正

四、建筑安全生产管理

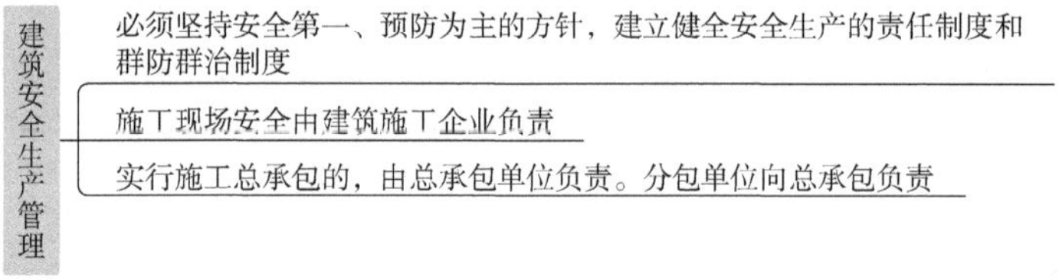

建筑安全生产管理
- 必须坚持安全第一、预防为主的方针，建立健全安全生产的责任制度和群防群治制度
- 施工现场安全由建筑施工企业负责
- 实行施工总承包的，由总承包单位负责。分包单位向总承包负责

五、建筑工程质量管理

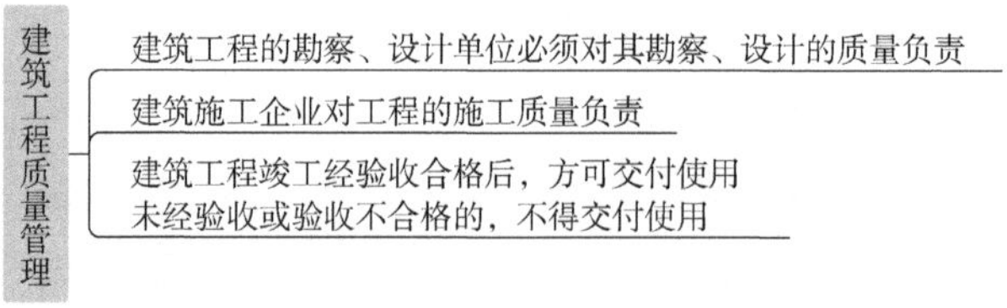

建筑工程质量管理
- 建筑工程的勘察、设计单位必须对其勘察、设计的质量负责
- 建筑施工企业对工程的施工质量负责
- 建筑工程竣工经验收合格后，方可交付使用
未经验收或验收不合格的，不得交付使用

实战训练

1. 根据《建筑法》，建设工程安全生产管理应建立健全（　　）制度。

A. 安全生产责任　　B. 追溯

C. 保证　　D. 群防群治

E. 监督

答案：AD

2. 在施工过程中，监理人员发现设计图纸不符合技术标准，采取的正确方法有（　　）。

A. 继续按照图纸施工　　　　B. 按照技术标准修改设计
C. 追究设计单位违约责任　　　　D. 报告建设单位
E. 由建设单位要求设计单位修改
答案：DE

考点二：建设工程质量管理条例

一、建设单位的质量责任和义务

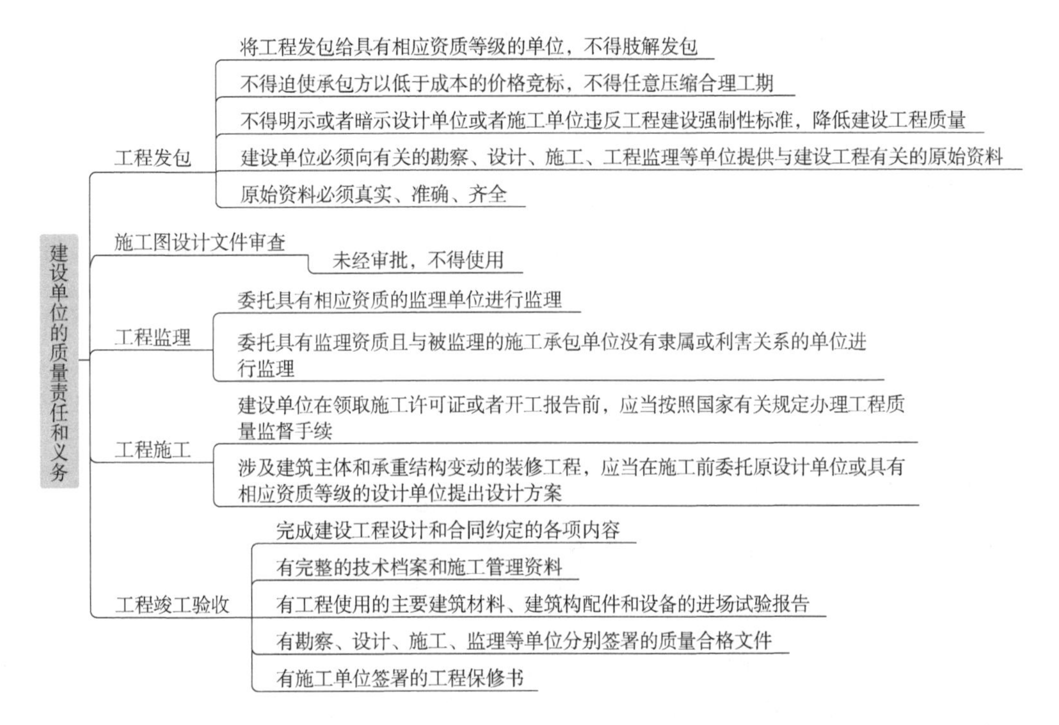

实战训练

1. 根据《建设工程质量管理条例》，应当按照国家有关规定办理质量监督手续的单位是（　　）。

A. 建设单位　　B. 设计单位　　C. 监理单位　　D. 施工单位
答案：A

2. 根据《建设工程质量管理条例》，建设工程竣工验收应具备的条件有（　　）。

A. 有完整的技术档案和施工管理资料
B. 有勘察、设计、施工、监理单位分别签署的质量合格文件
C. 有施工单位签署的工程保修书
D. 有工程款结清证明文件
E. 有工程使用的主要建筑材料的进场试验报告

答案：ABCE

二、勘察、设计单位的质量责任和义务

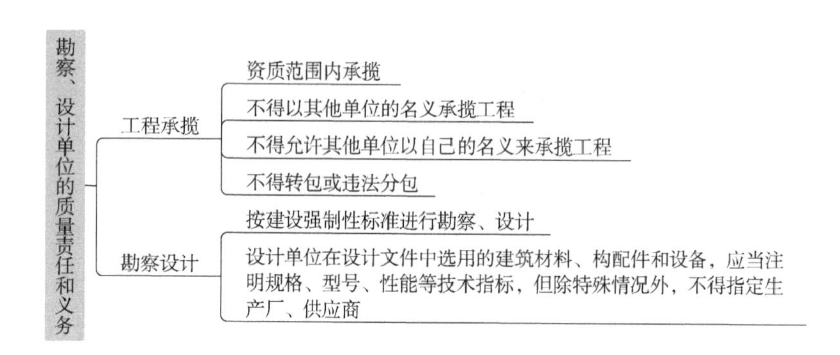

实战训练

根据《建设工程质量管理条例》，设计文件中选用的建筑材料、构配件和设备，应当注明（　　）。

A. 生产厂家　　B. 市场价格

C. 规格　　D. 型号

E. 性能

答案：CDE

三、施工单位的质量责任和义务

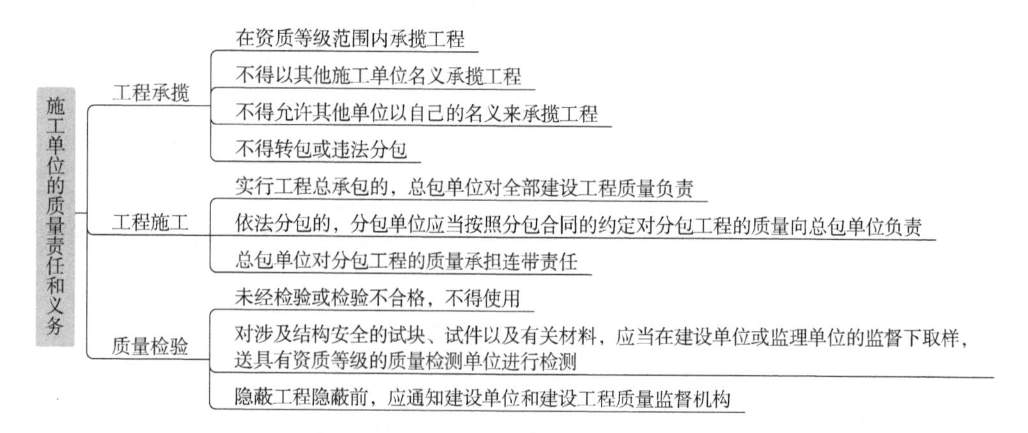

实战训练

1. 根据《建设工程质量管理条例》，关于施工单位承揽工程的说法，正确的有（　　）。

A. 施工单位应在资质等级许可的范围内承揽工程

B. 施工单位不得以其他施工单位的名义承揽工程

C. 施工单位可允许个人以本单位的名义承揽工程

D. 施工单位不得转包所承揽的工程

E. 施工单位不得分包所承揽的工程

答案：ABD

2. 在施工过程中，施工人员发现设计图纸不符合技术标准，施工单位技术负责人采取的正确做法是（　　）。

A. 继续按照工程设计图纸施工

B. 按照技术标准修改工程设计

C. 追究设计单位违法责任

D. 及时提出意见和建议

E. 告知建设单位

答案：DE

四、工程监理单位的质量责任和义务

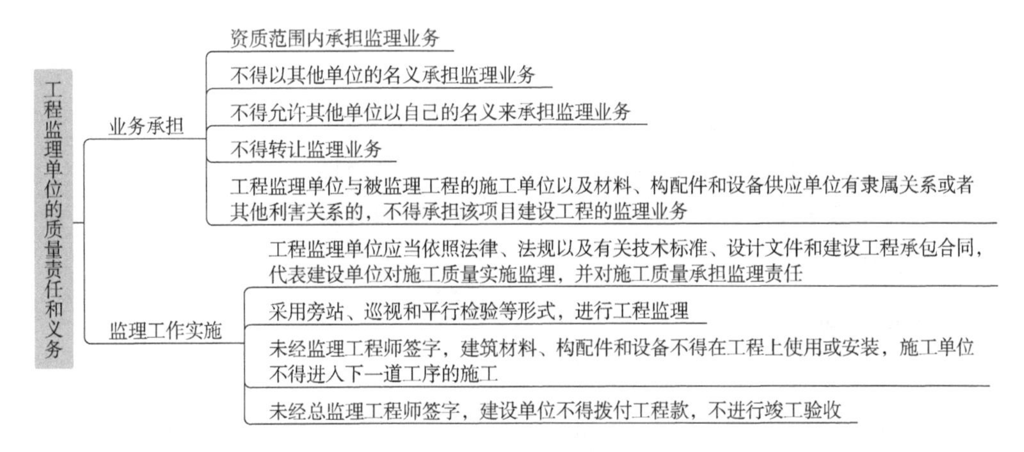

实战训练

依据《建设工程质量管理条例》的规定，以下工作中，应由总监理工程师签字认可的是（　　）。

A. 建设单位拨付工程款　　B. 施工单位实施隐蔽工程

C. 商品混凝土用于基础工程　　D. 大型非标准构件进行吊装

答案：A

五、工程质量保修

工程质量保修

- 保修制度
  - 建设工程承包单位在向建设单位提交工程竣工验收报告时，应当向建设单位出具质量保修书
  - 质量保修书中应当明确建设工程的保修范围、保修期限和保修责任等
  - 建设工程的保修期，自竣工验收合格之日起计算
  - 如果建设工程在保修范围和保修期限内发生质量问题，施工单位应当履行保修义务，并对造成的损失承担赔偿责任
- 最低保修期限
  - 基础设施工程、房屋建筑的地基基础工程和主体结构工程，为设计文件规定的该工程合理使用年限
  - 屋面防水工程、有防水要求的卫生间、房间和外墙面的防渗漏，为5年
  - 供热与供冷系统，为2个采暖期、供冷期
  - 电气管道、给水排水管道、设备安装和装修工程，为2年

实战训练

1\. 根据《建设工程质量管理条例》，在正常使用条件下，给水排水管道工程的最低保修期限是（　　）年。

A. 1　　B. 2　　C. 3　　D. 4

答案：B

2\. 根据《建设工程质量管理条例》，建设工程的保修期自（　　）之日起计算。

A. 工程交付使用　　B. 竣工审计通过

C. 工程价款结清　　D. 竣工验收合格

答案：D

六、监督管理

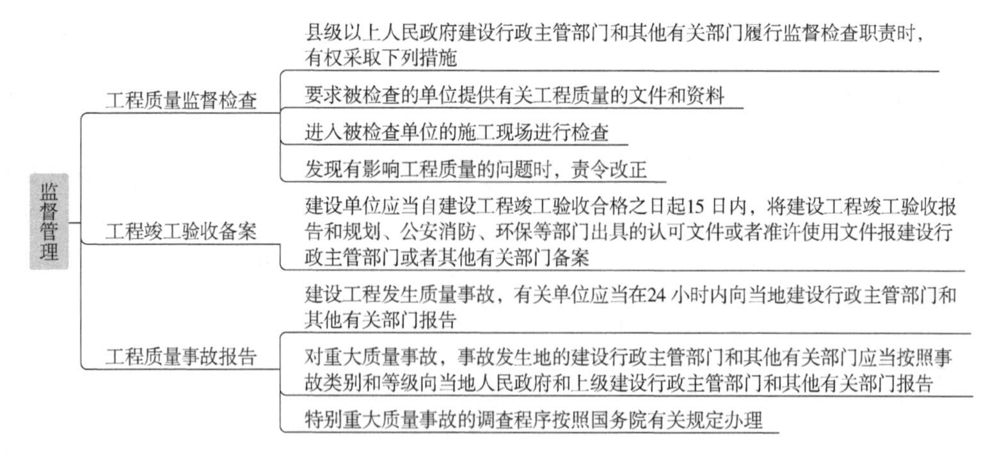

实战训练

建设单位应当自建设工程竣工验收合格之日起（　　）日内，将建设工程竣工验收报告

报建设行政主管部门或者其他有关部门备案。

A. 10　　B. 15　　C. 30　　D. 7

答案：B

考点三：建设工程安全生产管理条例

一、建设单位的安全责任

建设单位的安全责任

- 建设单位应向施工单位提供有关资料，并保证资料的真实、准确、完整
- 建设单位不得提出不符合建设工程安全生产法律、法规、强制性标准规定的要求，不得压缩合同约定的工期
- 编制工程概算时，应确定建设工程安全作业环境及安全施工措施所需要的费用
- 申领施工许可证的，在申请时提供安全施工措施资料
- 办理开工报告的，自开工报告批准之日起15日内，将安全施工措施报送工程所在地县级以上人民政府建设行政主管部门备案
- 在拆除工程施工15日前，报送资料至工程所在地县级以上地方人民政府建设行政主管部门或者其他有关部门备案

实战训练

1. 提供施工现场相邻建筑物和构筑物、地下工程的有关资料，并保证资料真实、准确、完整的是（　　）的安全责任。

A. 建设单位　　B. 勘察单位

C. 设计单位　　D. 施工单位

答案：A

2. 根据《建设工程安全生产管理条例》，下列安全生产责任中，属于建设单位安全责任的有（　　）。

A. 确定建设工程安全作业环境及安全施工措施所需要的费用并纳入工程概算

B. 对采用新结构的建设工程，提出保障施工作业人员安全的措施建议

C. 拆除工程施工前，将拟拆除建筑物的说明、拆除施工组织方案等资料报有关部门备案

D. 建立健全安全生产责任制度，制定安全生产规章制度和操作规程

E. 对达到一定规模的危险性较大的分部分项工程编制专项施工方案，并附有安全验算结果

答案：AC

二、勘察、设计、工程监理及其他有关单位的安全责任

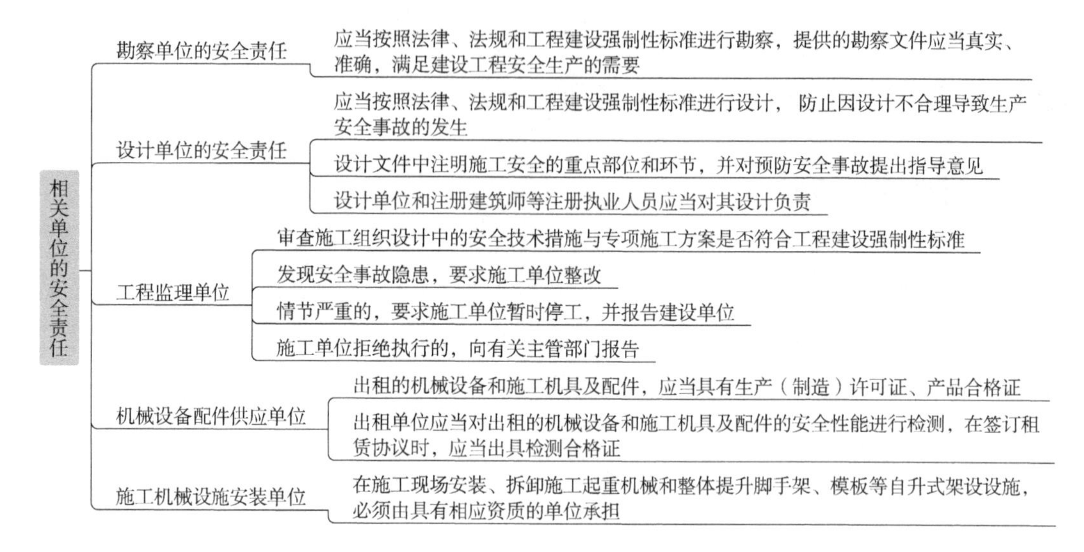

实战训练

《建设工程安全生产管理条例》规定，不属于监理单位安全生产管理责任和义务的是（　　）。

A. 编制安全技术措施及专项施工方案　　B. 审查安全技术措施及专项施工方案

C. 报告安全生产事故隐患　　D. 承担建设工程安全生产监理责任

答案：A

三、施工单位的安全责任

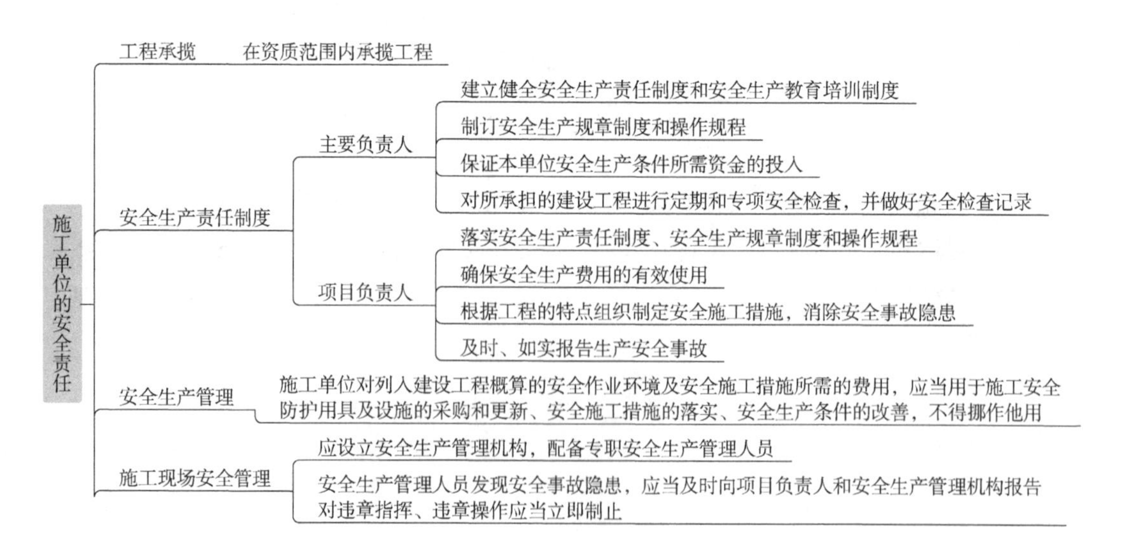

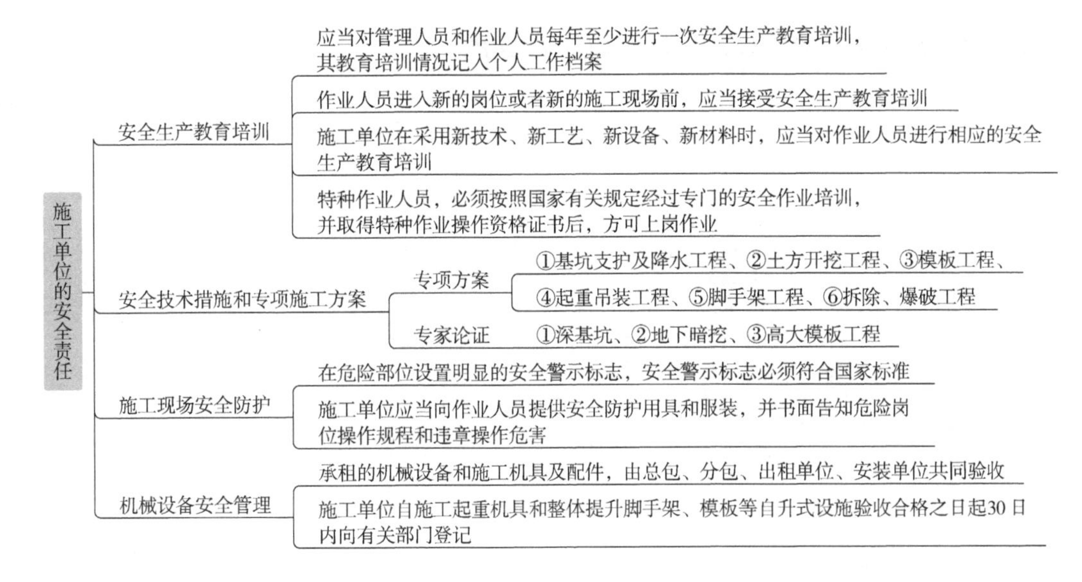

实战训练

1. 对于列入建设工程概算的安全作业环境及安全施工措施所需的费用，施工单位应当用于（　　）。

A. 安全生产条件改善　　B. 专职安全管理人员工资发放

C. 施工安全设施更新　　D. 安全事故损失赔付

E. 施工安全防护用具采购

答案：ACE

2. 根据《建设工程安全生产管理条例》，施工单位应当对达到一定规模的、危险性较大的（　　）编制专项施工方案。

A. 土方开挖工程　　B. 钢筋工程

C. 模板工程　　D. 混凝土工程

E. 脚手架工程

答案：ACE

四、监督管理

监督管理

- 安全施工措施的审查
  - 建设行政主管部门在审核发放施工许可证时，应当对建设工程是否有安全施工措施进行审查，对没有安全施工措施的，不得颁发施工许可证
  - 建设行政主管部门或者其他有关部门对建设工程是否有安全施工措施进行审查时，不得收取费用。
- 安全监督检查的权力
  - 要求被检查单位提供有关建设工程安全生产的文件和资料
  - 进入被检查单位施工现场进行检查
  - 纠正施工中违反安全生产要求的行为
  - 对检查中发现的安全事故隐患，责令立即排除；重大安全事故隐患排除前或者排除过程中无法保证安全的，责令从危险区域内撤出作业人员或者暂时停止施工

五、生产安全事故的应急救援和调查处理

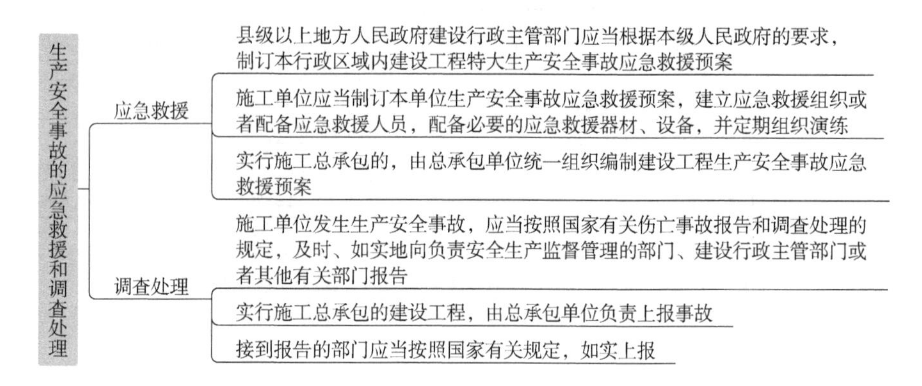

实战训练

根据《建设工程安全生产管理条例》，下列关于建设工程安全生产责任的说法，正确的是（　　）。

A. 设计单位应于设计文件中注明涉及施工安全的重点部位和环节

B. 施工单位对安全作业费用有其他用途时需经建设单位批准

C. 施工单位应对管理人员和作业人员每年至少进行一次安全生产教育培训

D. 施工单位应向作业人员提供安全防护用具和安全防护服装

E. 施工单位应自施工起重机械验收合格之日起 60 日内向有关部门登记

答案：ACD

第二节　招标投标法及其实施条例

核心考点

考点一：招标投标法

一、招标

二、投标

三、开标、评标、中标

考点二：招标投标法实施条例

一、招标

二、投标

三、开标、评标、中标

考点一：招标投标法

一、招标

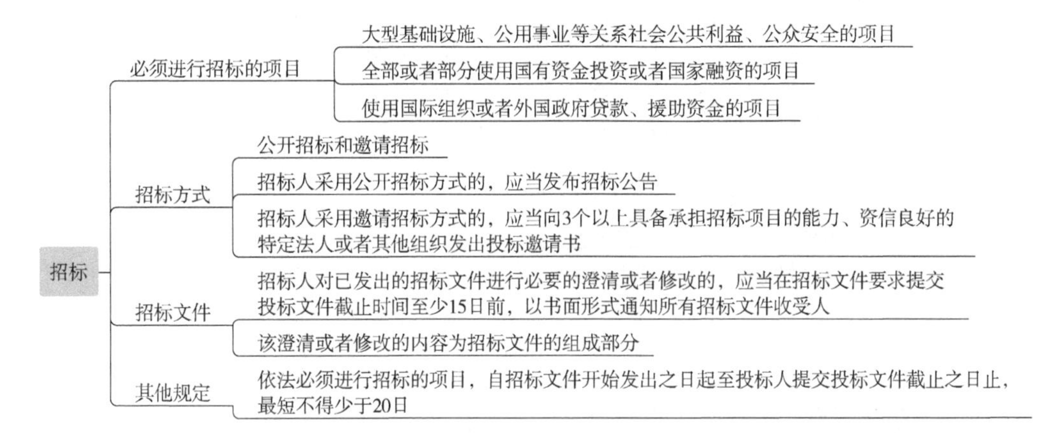

实战训练

1.《招标投标法》规定了必须进行招标的工程建设项目，这些项目包括（　　）。

A. 大型基础设施、公用事业等关系公共利益、公众安全的项目

B. 全部或者部分使用国有资金投资或国家融资的项目

C. 施工主要技术采用特定的专利或专有技术的

D. 使用国际组织或者外国政府贷款、援助资金的项目

E. 施工企业自建自用的工程，且该施工企业资质等级符合工程要求的

答案：ABD

2. 招标人应当在（　　）对已发出的招标文件进行修改并书面通知所有招标文件收受人。

A. 提交投标文件截止时间至少 15 日前　　B. 提交投标文件截止时间至少 20 日前

C. 资格评审工作开始前 15 天　　D. 资格评审工作开始前 20 天

答案：A

3. 根据《招标投标法》，对于依法必须进行招标的项目，自招标文件开始发出之日起至投标人提交投标文件截止之日止，最短不得少于（　　）日。

A. 10　　B. 20　　C. 30　　D. 60

答案：B

4. 招标人应当在（　　）对已发出的招标文件进行修改并书面通知所有招标文件收受人。

A. 提交投标文件截止时间至少 15 日前　　B. 提交投标文件截止时间至少 20 日前

C. 资格评审工作开始前 15 天　　D. 资格评审工作开始前 20 天

答案： A

二、投标

- 投标
  - 投标文件
    - 投标文件应当对招标文件提出的实质性要求和条件作出响应
    - 在招标文件要求提交投标文件的截止时间前，投标人可以补充、修改或者撤回已提交的投标文件，并书面通知招标人。补充、修改的内容为投标文件的组成部分
    - 招标人收到投标文件后，应当签收保存，不得开启
    - 投标人少于3个的，招标人应当依法重新招标
    - 在招标文件要求提交投标文件的截止时间后送达的投标文件，招标人应当拒收
  - 联合体投标
    - 联合体各方均应当具备规定的相应资格条件
    - 由同一专业的单位组成的联合体，按照资质等级较低的单位确定资质等级
    - 联合体中标的，联合体各方应当共同与招标人签订合同，就中标项目向招标人承担连带责任

实战训练

下列关于联合体投标的说法，错误的是（　　）。

A. 联合体各方均应当具备承担招标项目的相应能力

B. 由同一专业的单位组成的联合体，按照资质等级较低的单位确定资质等级

C. 联合体内部各方订立的共同投标协议不必提交招标人

D. 联合体中标的，各方共同与招标人签订合同，就中标项目向招标人承担连带责任

答案： C

三、开标、评标、中标

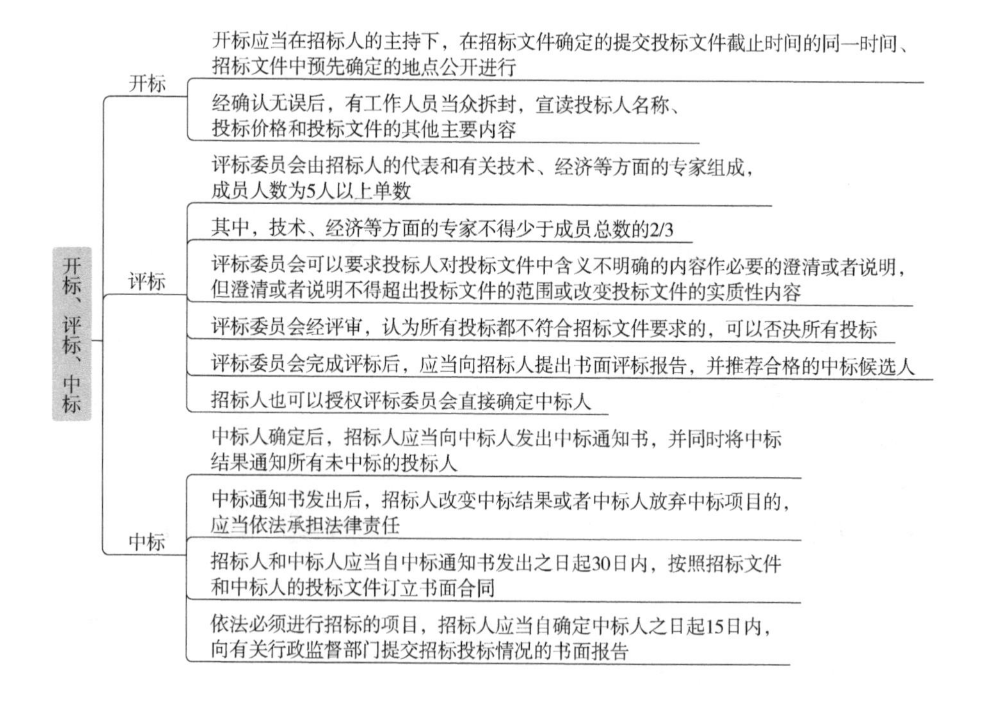

实战训练

根据《招标投标法》，下列关于招标投标的说法，正确的是（　　）。

A. 评标委员会成员为 7 人以上单数

B. 联合体中标的，由联合体牵头单位与招标人签订合同

C. 评标委员会中技术、经济等方面的专家不得少于成员总数的 2/3

D. 投标人应在递交投标文件的同时提交履约保函

答案：C

考点二：招标投标法实施条例

一、招标

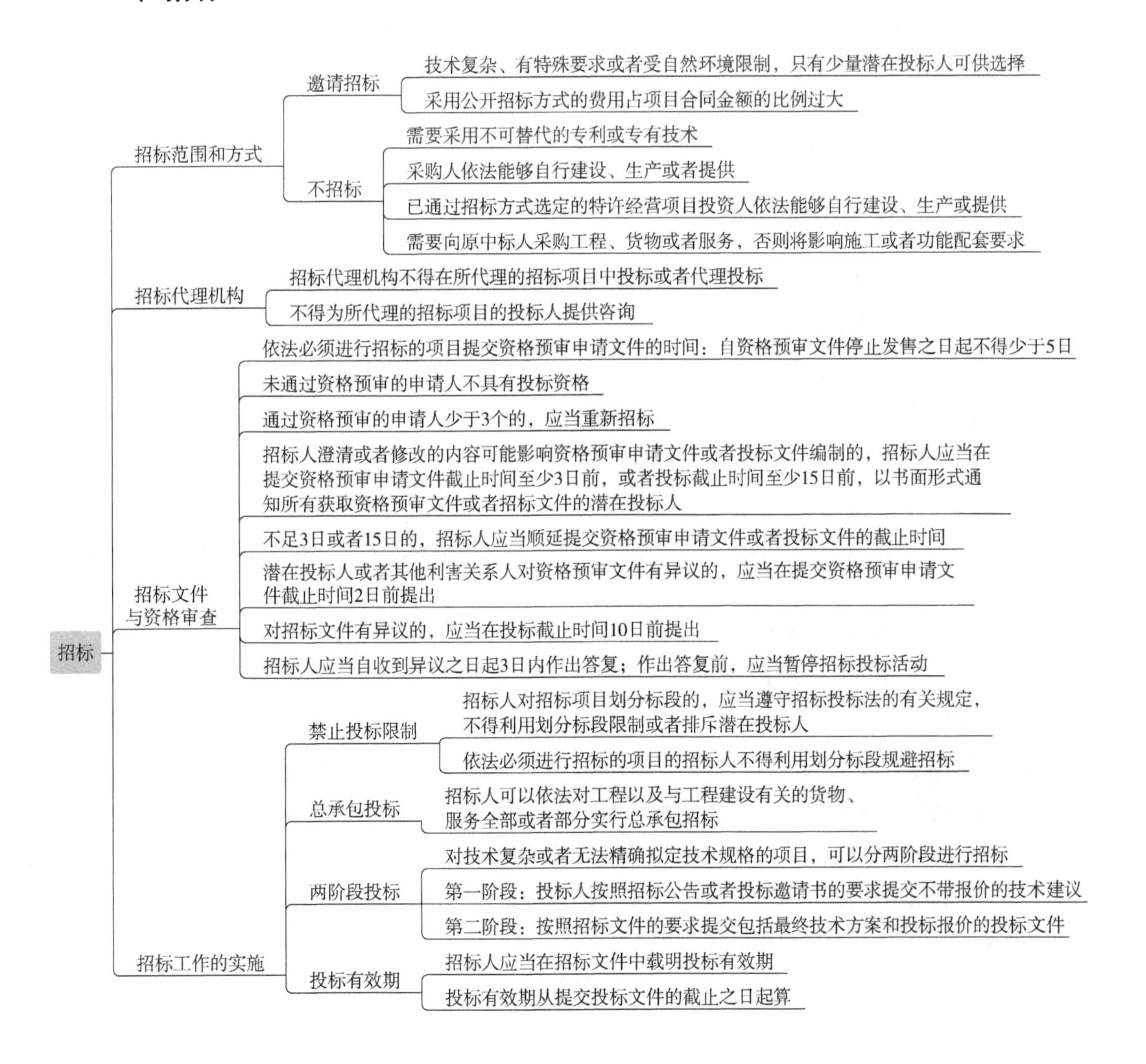

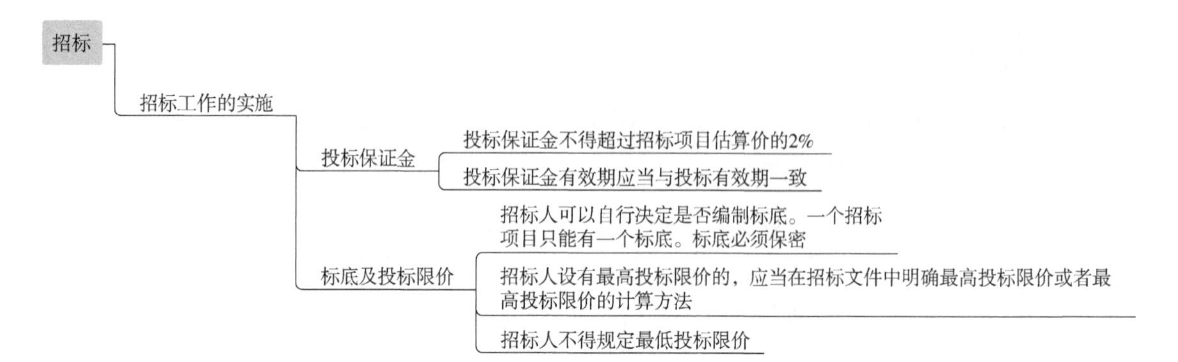

实战训练

1. 根据《招标投标法实施条例》，国有资金占控股或者主导地位依法必须招标的项目，可以采用邀请招标的情形有（　　）。

A. 技术复杂或性质特殊，不能确定主要设备的详细规格或具体要求

B. 技术复杂、有特殊要求，只有少量潜在投标人可供选择

C. 项目规模大、投资多，中小企业难以胜任

D. 项目特征独特，需有特定行业的工程业绩

E. 采用公开招标方式的费用占项目合同金额的比例过大

答案：BE

2. 根据《招标投标法实施条例》，依法必须进行招标的项目可以不进行招标的情形（　　）。

A. 受自然环境限制只有少量潜在投标人

B. 需要采用不可替代的专利或者专有技术

C. 招标费用占项目合同金额的比例过大

D. 因技术复杂只有少量潜在投标人

答案：B

3. 根据《招标投标法实施条例》，对于采用两阶段招标的项目，投标人在第一阶段向招标人提交的文件是（　　）。

A. 不带报价的技术建议　　B. 带报价的技术建议

C. 不带报价的技术方案　　D. 带报价的技术方案

答案：A

4. 根据《招标投标法实施条例》，关于投标保证金的说法，正确的有（　　）。

A. 投标保证金有效期应当与投标有效期一致

B. 投标保证金不得超过招标项目估算价的2%

C. 采用两阶段招标的，投标人应当在第一阶段提交投标保证金

D. 招标人不得挪用投标保证金

E. 招标人最迟应当在签订书面合同时退还投标保证金

答案：ABD

二、投标

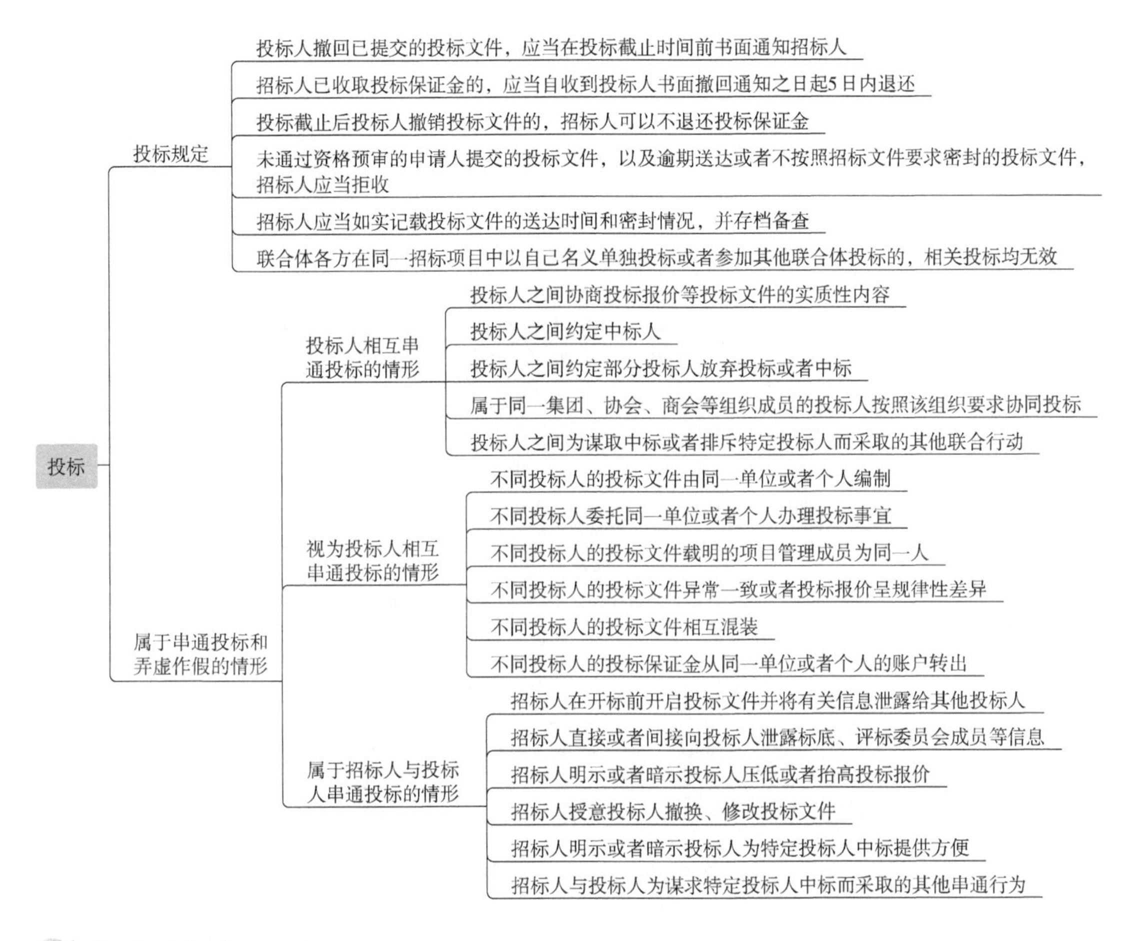

实战训练

1. 根据《招标投标法实施条例》，投标人撤回已提交的投标文件，应当在（　　）前，书面通知招标人。

A. 投标截止时间　　B. 评标委员会开始评标

C. 评标委员会结束评标　　D. 招标人发出中标通知书

答案：A

2. 根据《招投标法实施条例》，视为投标人相互串通投标的情形有（　　）。

A. 投标人之间协商投标报价

B. 不同投标人委托同一单位办理投标事宜

C. 不同投标人的投标保证金从同一单位的账户转出

D. 不同投标人的投标文件载明的项目管理成员为同一人

E. 投标人之间约定中标人

答案：BCD

三、开标、评标、中标

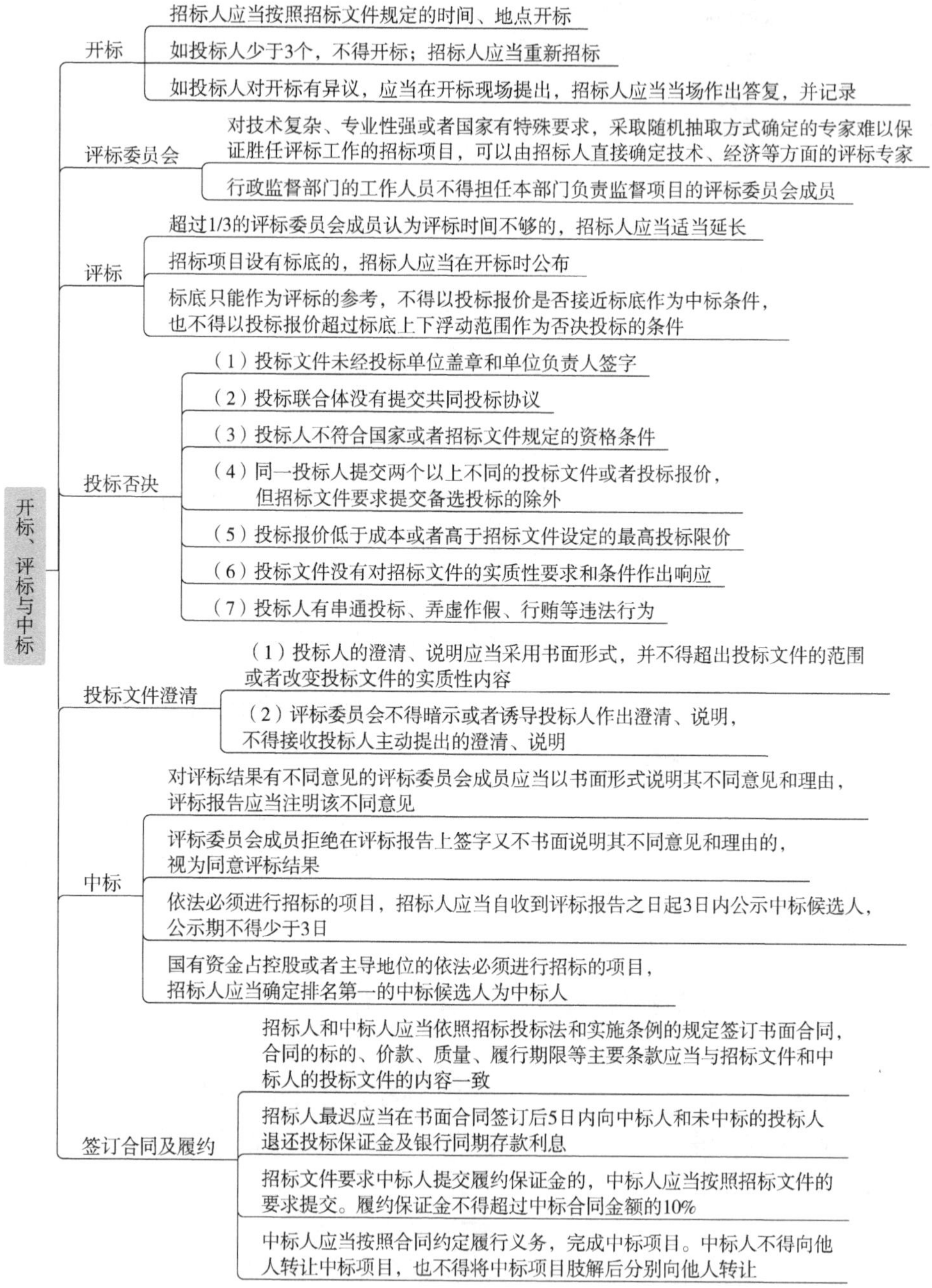

开标、评标与中标

- 开标
  - 招标人应当按照招标文件规定的时间、地点开标
  - 如投标人少于3个，不得开标；招标人应当重新招标
  - 如投标人对开标有异议，应当在开标现场提出，招标人应当当场作出答复，并记录
- 评标委员会
  - 对技术复杂、专业性强或者国家有特殊要求，采取随机抽取方式确定的专家难以保证胜任评标工作的招标项目，可以由招标人直接确定技术、经济等方面的评标专家
  - 行政监督部门的工作人员不得担任本部门负责监督项目的评标委员会成员
- 评标
  - 超过1/3的评标委员会成员认为评标时间不够的，招标人应当适当延长
  - 招标项目设有标底的，招标人应当在开标时公布
  - 标底只能作为评标的参考，不得以投标报价是否接近标底作为中标条件，也不得以投标报价超过标底上下浮动范围作为否决投标的条件
- 投标否决
  - （1）投标文件未经投标单位盖章和单位负责人签字
  - （2）投标联合体没有提交共同投标协议
  - （3）投标人不符合国家或者招标文件规定的资格条件
  - （4）同一投标人提交两个以上不同的投标文件或者投标报价，但招标文件要求提交备选投标的除外
  - （5）投标报价低于成本或者高于招标文件设定的最高投标限价
  - （6）投标文件没有对招标文件的实质性要求和条件作出响应
  - （7）投标人有串通投标、弄虚作假、行贿等违法行为
- 投标文件澄清
  - （1）投标人的澄清、说明应当采用书面形式，并不得超出投标文件的范围或者改变投标文件的实质性内容
  - （2）评标委员会不得暗示或者诱导投标人作出澄清、说明，不得接收投标人主动提出的澄清、说明
- 中标
  - 对评标结果有不同意见的评标委员会成员应当以书面形式说明其不同意见和理由，评标报告应当注明该不同意见
  - 评标委员会成员拒绝在评标报告上签字又不书面说明其不同意见和理由的，视为同意评标结果
  - 依法必须进行招标的项目，招标人应当自收到评标报告之日起3日内公示中标候选人，公示期不得少于3日
  - 国有资金占控股或者主导地位的依法必须进行招标的项目，招标人应当确定排名第一的中标候选人为中标人
- 签订合同及履约
  - 招标人和中标人应当依照招标投标法和实施条例的规定签订书面合同，合同的标的、价款、质量、履行期限等主要条款应当与招标文件和中标人的投标文件的内容一致
  - 招标人最迟应当在书面合同签订后5日内向中标人和未中标的投标人退还投标保证金及银行同期存款利息
  - 招标文件要求中标人提交履约保证金的，中标人应当按照招标文件的要求提交。履约保证金不得超过中标合同金额的10%
  - 中标人应当按照合同约定履行义务，完成中标项目。中标人不得向他人转让中标项目，也不得将中标项目肢解后分别向他人转让

实战训练

1. 根据《招标投标法实施条例》，招标文件中要求中标人提交履约保证金的，履约保证金不得超过中标合同金额的（　　）。

A. 2%　　B. 5%　　C. 10%　　D. 20%

答案：C

2. 根据《招标投标法实施条例》，评标委员会应当否决投标的情形有（ ）。

A. 投标报价高于工程成本

B. 投标文件未经投标单位负责人签字

C. 投标报价低于招标控制价

D. 投标联合体没有提交共同投标协议

E. 投标人不符合招标文件规定的资格条件

答案：DE

第三节 政府采购法及其实施条例

核心考点

考点一：政府采购法

考点二：政府采购法实施条例

考点一：政府采购法

政府采购法

- 内涵
  - 指国家机关、事业单位和团体组织，使用财政性资金采购依法制定的集中采购目录以内的或采购限额标准以上的货物、工程和服务
- 规定
  - 政府采购实行集中采购和分散采购相结合
  - 集中采购的范围由省级以上人民政府公布的集中采购目录确定
- 采购当事人
  - 采购人采购纳入集中采购目录的政府采购项目，必须委托集中采购机构代理采购
  - 采购未纳入集中采购目录的政府采购项目，可以自行采购，也可以委托集中采购机构在委托的范围内代理采购
  - 采购人可以根据采购项目的特殊要求，规定供应商的特定条件，但不得以不合理的条件对供应商实行差别待遇或者歧视待遇
  - 两个以上的自然人、法人或者其他组织可以组成一个联合体，以一个供应商的身份共同参加政府采购
- 采购方式
  - 公开招标（主要方式）
    - 属于中央预算的政府采购项目，由国务院规定
    - 属于地方预算的政府采购项目，由省、自治区、直辖市人民政府规定
    - 因特殊情况需要采用公开招标以外的采购方式的，应当在采购活动开始前获得设区的市、自治州以上人民政府采购监督管理部门的批准
  - 邀请招标
    - 具有特殊性，只能从有限范围的供应商处采购的
    - 采用公开招标方式的费用占政府采购项目总价值的比例过大的
  - 竞争性谈判
    - 招标后没有供应商投标或没有合格标的或重新招标未能成立的
    - 技术复杂或性质特殊，不能确定详细规格或具体要求的
    - 采用招标所需时间不能满足用户紧急需要的
    - 不能事先计算出价格总额的
  - 单一来源采购
    - 只能从唯一供应商处采购的
    - 发生不可预见的紧急情况，不能从其他供应商处采购的
    - 必须保证原有采购项目一致性或服务配套的要求，需要继续从原供应商处添购，且添购资金总额不超过原合同采购金额10%的
  - 询价
    - 采购的货物规格、标准统一、现货货源充足且价格变化幅度小的政府采购项目，可以采用询价方式采购
- 采购合同
  - 书面形式。由采购代理机构以采购人名义签订合同的，应当提交采购人的授权委托书，作为合同附件
  - 采购人需追加与合同标的相同的货物、工程或服务的，在不改变合同其他条款的前提下，可以与供应商协商签订补充合同，但所有补充合同的采购金额不得超过原合同采购金额的10%

实战训练

1. 通过招标投标订立的政府采购合同金额为20万元，合同履行过程中需追加与合同标的相同的货物，在其他合同条款不变且追加合同金额最高不超过（　　）万元时，可以签订补充合同采购。

A. 10　　B. 20　　C. 40　　D. 50

答案：B

2. 根据《政府采购法》和《政府采购法实施条例》，下列组织机构中，属于使用财政性资金的政府采购项目采购人的有（　　）。

A. 国有企业　　B. 集中采购机构

C. 各级国家机关　　D. 事业单位

E. 团体组织

答案：CDE

考点二：政府采购法实施条例

- 政府采购法实施条例
  - 目的：进一步明确了政府采购当事人、政府采购方式、政府采购程序、政府采购合同、质疑与投诉等方面内容
  - 差别待遇、歧视待遇情形
    - ①就同一采购项目向供应商提供有差别的项目信息
    - ②设定的资格、技术、商务条件与采购项目的具体特点和实际需要不相适应或者与合同履行无关
    - ③采购需求中的技术、服务等要求指向特定供应商、特定产品
    - ④以特定行政区域或者特定行业的业绩、奖项作为加分条件或者中标、成交条件
    - ⑤对供应商采取不同的资格审查或者评审标准
    - ⑥限定或者指定特定的专利、商标、品牌或者供应商
    - ⑦非法限定供应商的所有制形式、组织形式或者所在地
    - ⑧以其他不合理条件限制或者排斥潜在供应商
  - 采购方式与程序
    - 方式
      - ①列入集中采购目录的项目，适合实行批量集中采购的，应当实行批量集中采购，但紧急的小额零星货物项目和有特殊要求的服务、工程项目除外
      - ②政府采购工程依法不进行招标的，应当依照竞争性谈判或者单一来源采购方式采购
    - 程序
      - ①招标文件的提供期限自招标文件开始发出之日起不得少于5个工作日
      - ②澄清或者修改的内容可能影响投标文件编制的，采购人或者采购代理机构应当在投标截止时间至少15日前，以书面形式通知所有获取招标文件的潜在投标人不足15日的，顺延提交投标文件的截止时间
      - ③投标保证金不得超过采购项目预算金额的2%
      - ④政府采购招标评标方法分为最低评标价法和综合评分法
      - ⑤技术、服务等标准统一的货物和服务项目，应当采用最低评标价法
      - ⑥采用综合评分法的，评审标准中的分值设置应当与评审因素的量化指标相对应
  - 采购合同
    - 履约保证金
      - 应当以支票、汇票、本票或者金融机构、担保机构出具的保函等非现金形式提交
      - 履约保证金的数额不得超过政府采购合同金额的10%
    - 中标或者成交供应商拒绝与采购人签订合同的，采购人可以按照评审报告推荐的中标或者成交候选人名单排序，确定下一候选人为中标或者成交供应商，也可以重新开展政府采购活动

实战训练

根据《政府采购法实施条例》，政府采购工程依法不进行招标的，可以按照（　　）方式采购。

A. 直接发包　　B. 单一来源采购

C. 竞争性谈判　　D. 询价

E. 邀请招标

答案：BC

第四节　民法典合同编及价格法

核心考点

考点一：民法典合同编

一、合同订立

二、合同效力

三、合同履行

四、合同保全

五、合同变更、转让

六、合同权利义务终止

七、违约责任

考点二：价格法

一、经营者的价格行为

二、政府的定价行为

考点一：　民法典合同编

一、合同订立

合同的形式
- 书面形式：合同书、信件、电报、电传、传真、数据交换、电子邮件等
- 口头形式：当面交谈、电话联系等
- 其他形式：默示形式和推定形式

实战训练

关于合同形式的说法，正确的有（　　）。

A. 建设工程合同应当采用书面形式

B. 电子数据交换不能直接作为书面合同

C. 合同有书面和口头两种形式

D. 电话不是合同的书面形式

E. 书面形式限制了当事人对合同内容的协商

答案：AD

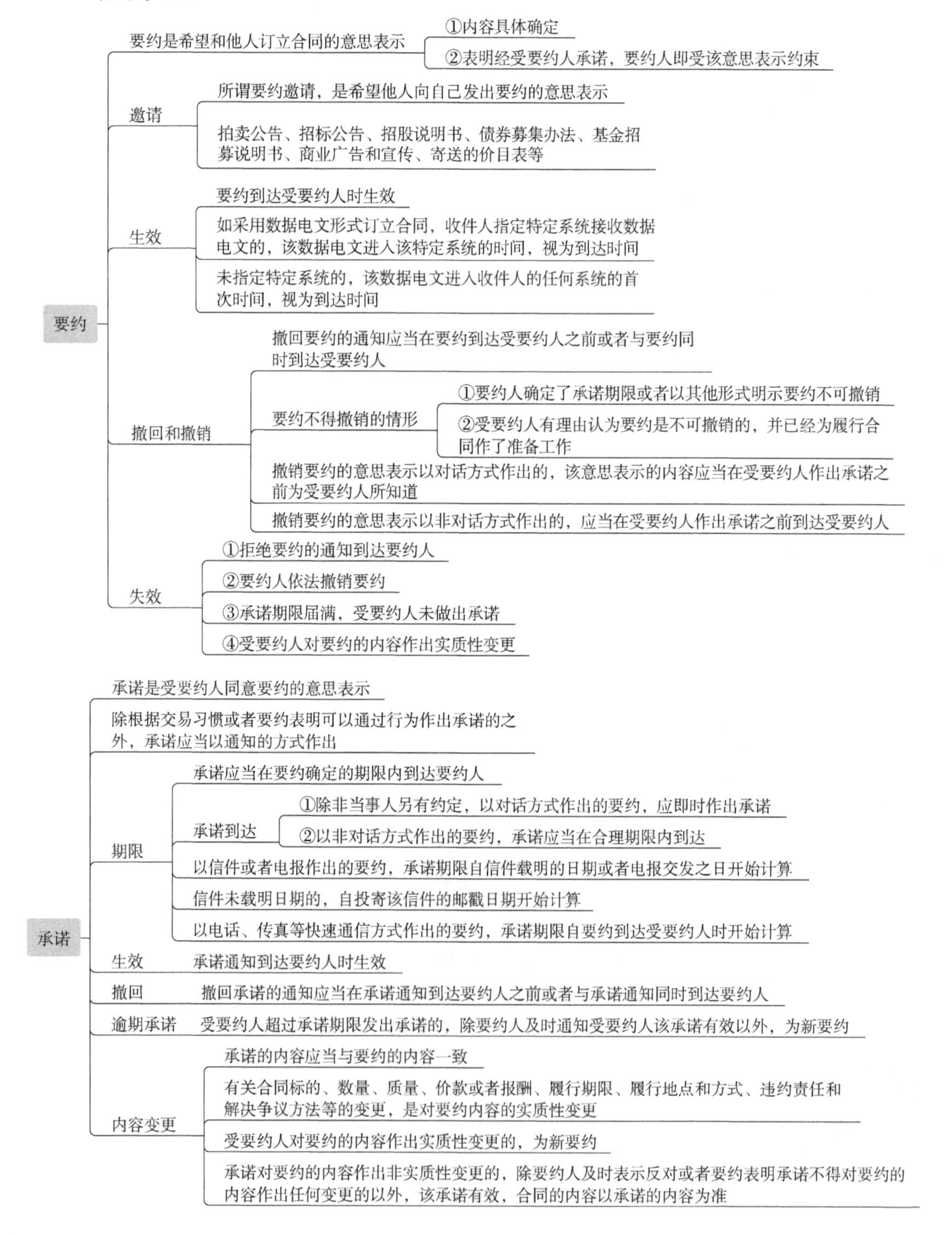

实战训练

1. 合同订立过程中，属于要约失效的情形是（ ）。

   A. 承诺通知到达要约人 B. 受要约人依法撤销承诺

   C. 要约人在承诺期限内未做出承诺 D. 受要约人对要约内容做出实质性质变更

   答案：D

2. 根据《民法典》合同编，关于要约和承诺的说法，正确的是（ ）。

   A. 撤回要约的通知应当在要约到达受要约人之后到达受要约人

   B. 承诺的内容应当与要约的内容一致

   C. 要约邀请是合同成立的必经过程

   D. 撤回承诺的通知应当在要约确定的承诺期限内到达要约人

   答案：B

- 合同订立
  - 合同成立
    - 承诺生效时合同成立
    - 合同成立的时间
      - 当事人采用合同书形式订立合同的，自当事人均签名、盖章或者按指印时合同成立
      - 当事人采用信件、数据电文等形式订立合同要求签订确认书的，签订确认书时合同成立
      - 当事人一方通过互联网等信息网络发布的商品或者服务信息符合要约条件的，对方选择该商品或者服务并提交订单成功时合同成立，但是当事人另有约定的除外
    - 合同成立地点
      - 承诺生效的地点为合同成立的地点
      - 采用数据电文形式订立合同的，收件人的主营业地为合同成立的地点；没有主营业地的，其经常居住地为合同成立的地点
      - 当事人采用合同书形式订立合同的，最后签名、盖章或者按指印的地点为合同成立的地点
    - 合同成立的其他情形
      - 法律、行政法规规定或者当事人约定合同应当采用书面形式订立，当事人未采用书面形式但是一方已经履行主要义务，对方接受的
      - 采用合同书形式订立合同，在签名、盖章或者按指印之前，当事人一方已经履行主要义务，对方接受的
  - 特殊合同
    - 特殊需求合同：国家根据抢险救灾、疫情防控或者其他需要下达国家订货任务、指令性任务的，有关民事主体之间应当依照有关法律、行政法规规定的权利和义务订立合同
    - 预约合同：当事人约定在将来一定期限内订立合同的认购书、订购书、预订书等，构成预约合同
  - 格式条款
    - 格式条款提供者的义务
      - 提供格式条款的一方应当遵循公平的原则确定当事人之间的权利义务关系，并采取合理的方式提请对方注意免除或限制其责任的条款，按照对方的要求，对该条款予以说明
      - 提供格式条款一方免除自己责任、加重对方责任、排除对方主要权利的，该条款无效
    - 格式条款无效：提供格式条款一方免除自己责任、加重对方责任、排除对方主要权利的，该条款无效
    - 格式条款的解释
      - 对格式条款的理解发生争议的，应当按照通常理解予以解释
      - 对格式条款有两种以上解释的，应当做出不利于提供格式条款一方的解释
      - 格式条款和非格式条款不一致的，应当采用非格式条款
  - 缔约过失责任
    - 缔约过失责任发生于合同不成立或者合同无效的缔约过程
    - 构成条件
      - 当事人有过错。若无过错，则不承担责任
      - 有损害后果的发生。若无损失，亦不承担责任
      - 当事人的过错行为与造成的损失有因果关系
    - 赔偿责任
      - 假借订立合同，恶意进行磋商
      - 故意隐瞒与订立合同有关的重要事实或者提供虚假情况
      - 有其他违背诚信原则的行为
    - 当事人在订立合同过程中知悉的商业秘密或者其他应当保密的信息，无论合同是否成立，不得泄露或者不正当地使用

实战训练

1. 判断合同是否成立的依据是（　　）。

A. 合同是否生效　　B. 合同是否产生法律约束力

C. 要约是否生效　　D. 承诺是否生效

答案：D

2. 对格式条款有两种以上解释的，下列说法正确的是（　　）。

A. 该格式条款无效，由双方重新协商

B. 该格式条款效力待定，由仲裁机构裁定

C. 应当做出有利于提供格式条款一方的解释

D. 应当做出不利于提供格式条款一方的解释

答案：D

3. 根据《民法典》合同编，除法律另有规定或者当事人另有约定外，采用数据电文形式订立合同时，合同成立的地点是（　　）。

A. 收件人的主营业地，没有主营业地的，为住所地

B. 发件人的主营业地或住所地任选其一

C. 收件人的住所地，没有固定住所地的，为主营业地

D. 发件人的主营业地，没有主营业地的，为住所地

答案：A

二、合同效力

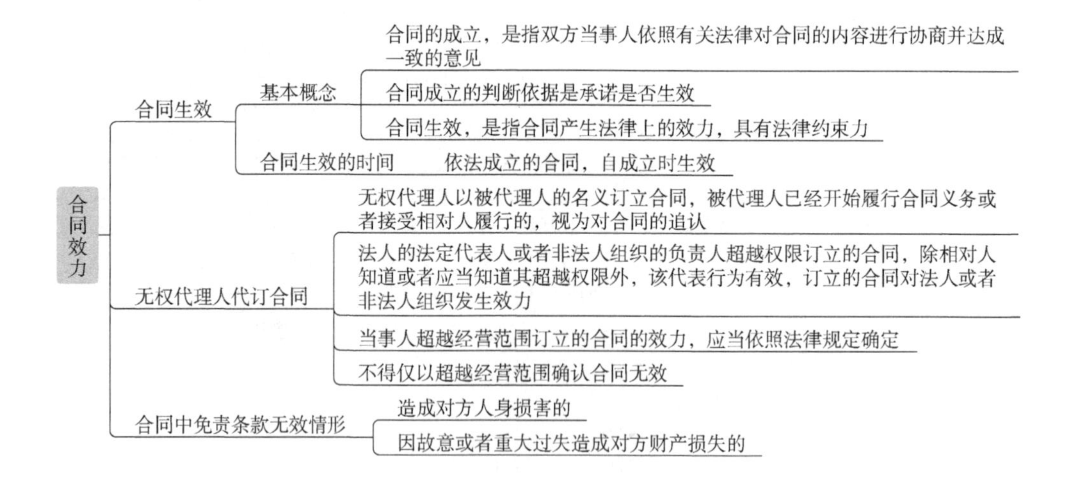

三、合同履行

- 合同履行
  - 合同履行的原则
    - 全面履行
    - 诚信
  - 一般规则
    - 质量要求不明确的，按照国家标准、行业标准履行；没有国家标准、行业标准的，按照通常标准或者符合合同目的的特定标准履行
    - 价款或者报酬不明确的，按照订立合同时履行地的市场价格履行；依法应当执行政府定价或者政府指导价的，按照规定履行
    - 履行地点不明确，给付货币的，在接收货币一方所在地履行；交付不动产的，在不动产所在地履行；其他标的，在履行义务一方所在地履行
    - 履行期限不明确的，债务人可以随时履行，债权人也可以随时要求履行，但应当给对方必要的准备时间
    - 履行方式不明确的，按照有利于实现合同目的的方式履行
    - 履行费用的负担不明确的，由履行义务一方负担；因债权人原因增加的履行费用，由债权人负担

- 特殊规则
  - 电子合同履行
    - 通过互联网等信息网络订立的电子合同的标的为交付商品并采用快递物流方式交付的，收货人的签收时间为交付时间
    - 电子合同的标的为提供服务的，生成的电子凭证或者实物凭证中载明的时间为提供服务时间；前述凭证没有载明时间或者载明时间与实际提供服务时间不一致的，以实际提供服务的时间为准
    - 电子合同的标的物为采用在线传输方式交付的，合同标的物进入对方当事人指定的特定系统且能够检索识别的时间为交付时间
    - 电子合同当事人对交付商品或者提供服务的方式、时间另有约定的，按照其约定
  - 价格调整
    - 在合同约定的交付期限内政府价格调整时，按照交付时的价格计价
    - 逾期交付标的物的，遇价格上涨时，按照原价格执行；价格下降时，按照新价格执行
    - 逾期提取标的物或者逾期付款的，遇价格上涨时，按照新价格执行；价格下降时，按照原价格执行

- 特殊规则
  - 债务履行
    - 多项标的的履行
      - 标的有多项而债务人只需履行其中一项的，债务人享有选择权
      - 享有选择权的当事人在约定期限内或者履行期限届满未作选择，经催告后在合理期限内仍未选择的，选择权转移至对方
      - 当事人行使选择权应当及时通知对方，通知到达对方时，标的确定
      - 标的确定后不得变更，但是经对方同意的除外
      - 可选择的标的发生不能履行情形的，享有选择权的当事人不得选择不能履行的标的
    - 多个债权人情形
      - 债权人为二人以上，标的可拆分，按照份额各自享有债权的，为按份债权；债务人为二人以上，标的可拆分，按照份额各自负担债务的，为按份债务
      - 按份债权人或者按份债务人的份额难以确定的，视为份额相同
      - 债权人为二人以上，部分或者全部债权人均可以请求债务人履行债务的，为连带债权；债务人为二人以上，债权人可以请求部分或者全部债务人履行全部债务的，为连带债务
    - 连带债务
      - 连带债务人之间的份额难以确定的，视为份额相同
      - 实际承担债务超过自己份额的连带债务人，有权就超出部分在其他连带债务人未履行的份额范围内向其追偿，并相应地享有债权人的权利，但是不得损害债权人的利益。其他连带债务人对债权人的抗辩，可以向该债务人主张
      - 被追偿的连带债务人不能履行其应分担份额的，其他连带债务人应当在相应范围内按比例分担
      - 部分连带债务人履行、抵销债务或者提存标的物的，其他债务人对债权人的债务在相应范围内消灭；该债务人可以依据前条规定向其他债务人追偿
      - 部分连带债务人的债务被债权人免除的，在该连带债务人应当承担的份额范围内，其他债务人对债权人的债务消灭
      - 部分连带债务人的债务与债权人的债权同归于一人的，在扣除该债务人应当承担的份额后，债权人对其他债务人的债权继续存在
      - 债权人对部分连带债务人的给付受领迟延的，对其他连带债务人发生效力
    - 连带债权
      - 连带债权人之间的份额难以确定的，视为份额相同
      - 实际受领债权的连带债权人，应当按比例向其他连带债权人返还

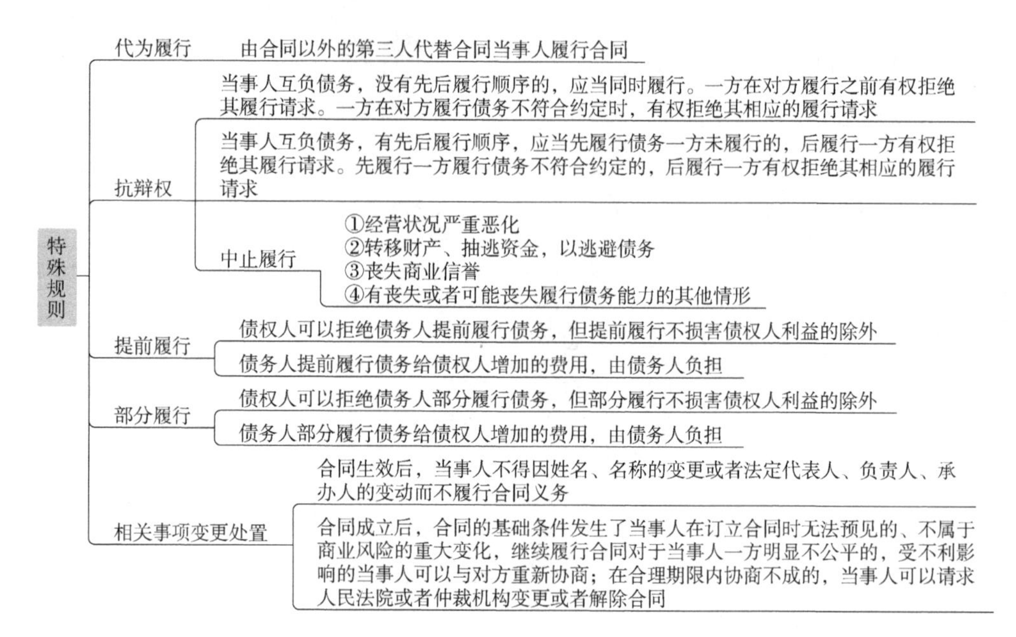

实战训练

1. 根据《民法典》合同编，合同生效后，当事人就价款约定不明确又未能补充协议的，合同价款应按（　　）执行。

A. 订立合同时履行地市场价格　　B. 订立合同时付款方所在地市场价格

C. 标的物交付时市场价格　　D. 标的物交付时政府指导价

答案： A

2. 根据《民法典》合同编，执行政府定价或政府指导价的合同时，对于逾期交付标的物的处置方式是（　　）。

A. 遇价格上涨时，按原价格执行；价格下降时，按照新价格执行

B. 遇价格上涨时，按新价格执行；价格下降时，按照原价格执行

C. 无论价格上涨或下降，均按新价格执行

D. 无论价格上涨或下降，均按原价格执行

答案： A

3. 根据《民法典》合同编，在执行政府定价的合同履行中，需要按新价格执行的情形是（　　）。

A. 逾期付款的，遇价格上涨时　　B. 逾期提取标的物的，遇价格下降时

C. 逾期付款的，遇价格下降时　　D. 逾期交付标的物的，遇价格上涨时

答案： A

四、合同保全

合同保全

- 代位权
  - 因债务人怠于行使其债权或者与该债权有关的从权利，影响债权人的到期债权实现的，债权人可以向人民法院请求以自己的名义代位行使债务人对相对人的权利，但是该权利专属于债务人自身的除外
  - 代位权的行使范围以债权人的到期债权为限
  - 债权人行使代位权的必要费用，由债务人负担
- 撤销权
  - 债务人以放弃其债权、放弃债权担保、无偿转让财产等方式无偿处分财产权益，或者恶意延长其到期债权的履行期限，影响债权人的债权实现的，债权人可以请求人民法院撤销债务人的行为
  - 债务人以明显不合理的低价转让财产、以明显不合理的高价受让他人财产或者为他人的债务提供担保，影响债权人的债权实现，债务人的相对人知道或者应当知道该情形的，债权人可以请求人民法院撤销债务人的行为
  - 撤销权的行使范围以债权人的债权为限
  - 债权人行使撤销权的必要费用，由债务人负担
  - 撤销权自债权人知道或者应当知道撤销事由之日起一年内行使
  - 自债务人的行为发生之日起五年内没有行使撤销权的，该撤销权消灭
  - 债务人影响债权人的债权实现的行为被撤销的，自始没有法律约束力

五、合同变更、转让

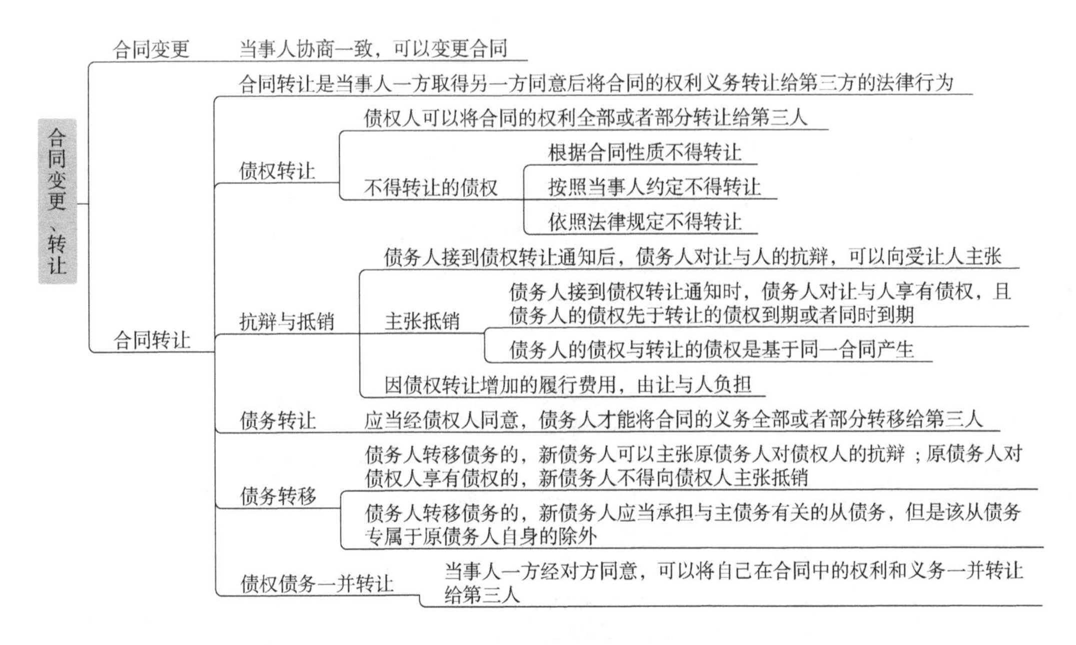

实战训练

1. 根据《民法典》合同编，债务转让合同应当（　　）。

A. 通知债权人　　B. 与债权人协商

C. 经过债权人的同意　　D. 重新签订合同

答案：C

2. 债权人决定将其债权债务一并转让给第三人时，（　　）。

A. 需经对方同意

B. 无需经对方同意，但应通知对方

C. 无需经对方同意，也不必通知对方

D. 需经对方同意，但要办理公证

答案：A

六、合同权利义务终止

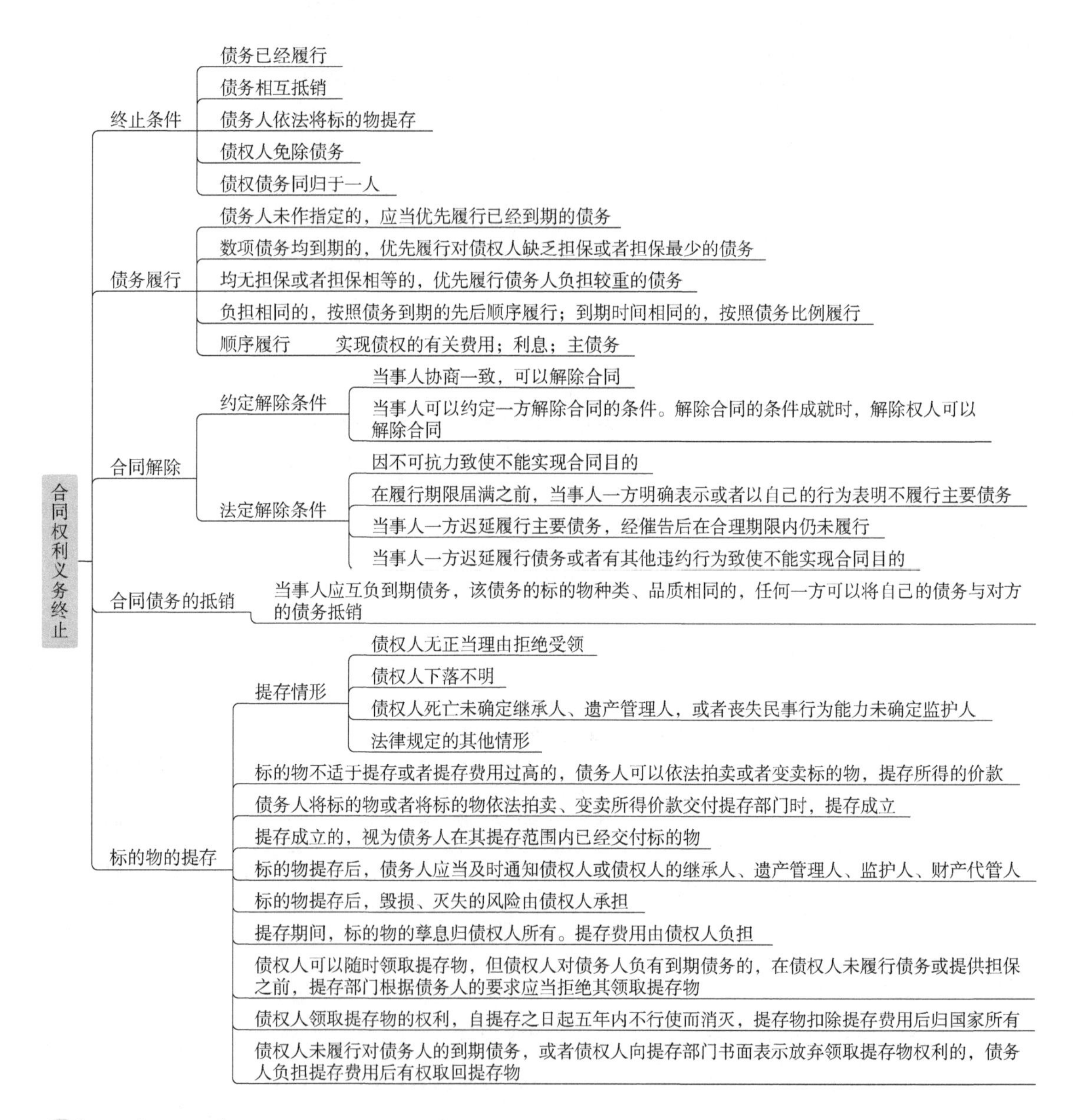

实战训练

根据《民法典》合同编，由于债权人的原因致使债务人难以履行债务时，债务人可以将标的物交给有关机关保存，以此来消灭合同的行为称为（　　）。

A. 留置　　B. 保全　　C. 质押　　D. 提存

答案： D

七、违约责任

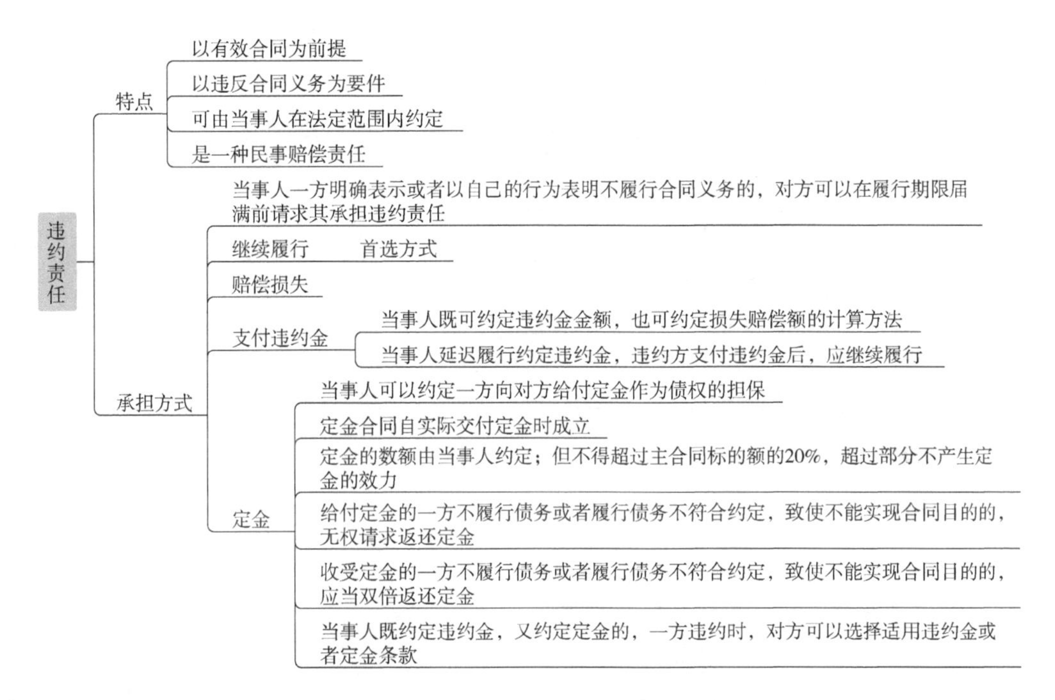

实战训练

1. 根据《民法典》合同编，当事人既约定违约金，又约定定金的，一方违约时，对方的正确处理方式是（　　）。

A. 只能选择适用违约金条款

B. 只能选择适用定金条款

C. 同时适用违约金和定金条款

D. 可以选择适用违约金或者定金条款

答案： D

2. 根据《民法典》合同编，关于违约责任的说法，正确的有（　　）。

A. 违约责任以无效合同为前提

B. 违约责任可由当事人在法定范围内约定

C. 违约责任以违反合同义务为要件

D. 违约责任必须支付违约金的方式承担

E. 违约责任是一种民事赔偿责任

答案： BCE

考点二：价格法

一、经营者的价格行为

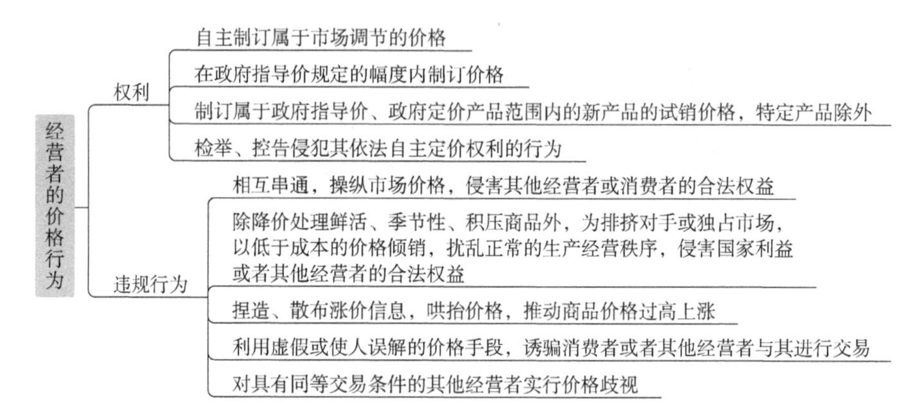

二、政府的定价行为

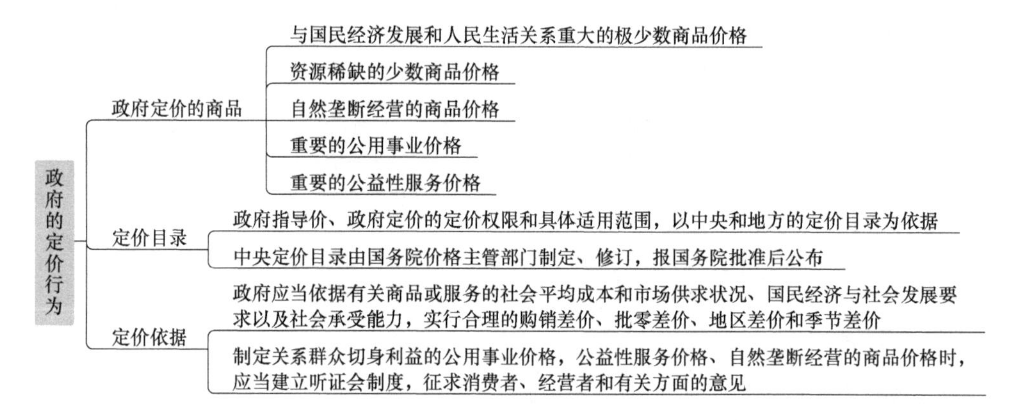

实战训练

1. 根据《价格法》，地方定价商品目录应经（　　）审定后公布。

A. 地方人民政府价格主管部门　　B. 地方人民政府

C. 国务院价格主管部门　　D. 国务院

答案：C

2. 根据《价格法》，当重要商品和服务价格显著上涨时，国务院和省、自治区、直辖市人民政府可采取的干预措施是（　　）。

A. 限定利润率、实行提价申报制度和调价备案制度

B. 限定购销差价、批零差价、地区差价和季节差价

C. 限定利润率、规定限价、实行价格公示制度

D. 成本价公示、规定限价

答案： A

3. 根据《价格法》，经营者有权制订的价格有（　　）。

A. 资源稀缺的少数商品价格

B. 自然垄断经营的商品价格

C. 属于市场调节的价格

D. 属于政府定价产品范围的新产品试销价格

E. 公益性服务价格

答案： CD

第三章

工程项目管理

近三年考题分值分布

考试年份	2019 年			2020 年			2021 年		
章节	单选题	多选题	分值	单选题	多选题	分值	单选题	多选题	分值
第三章　工程项目管理	12	5	22	11	4	19	16	4	24
第一节　工程项目管理概述	3	0	3	3	1	5	2	0	2
第二节　工程项目组织	2	1	4	1	1	3	2	0	2
第三节　工程项目计划与控制	2	1	4	2	2	6	4	1	6
第四节　流水施工组织方法	2	1	4	1	0	1	1	2	5
第五节　工程网络计划技术	1	1	3	2	0	2	4	1	6
第六节　工程项目合同管理	1	1	3	2	0	2	2	0	2
第七节　工程项目信息管理	1	0	1	0	0	0	1	0	1

第一节　工程项目管理概述

核心考点

考点一：工程项目组成和分类

一、工程项目组成

二、工程项目分类

考点二：工程项目建设程序

一、建设程序的含义和内容

二、决策阶段工作内容

三、建设实施阶段工作内容

考点三：工程项目管理类型、任务及相关制度

一、工程项目管理类型和任务

二、工程项目管理相关制度

考点一：工程项目组成和分类

一、工程项目组成

- 工程项目组成
  - 单项工程
    - 指在一个工程项目中，具有独立的设计文件，竣工后可以独立发挥生产能力或投资效益的一组配套齐全的工程项目，是工程项目的组成部分
    - 例如：能独立生产的车间
  - 单位（子单位）工程
    - 具备独立施工条件并能形成独立使用功能的工程，是单项工程的组成部分
    - 例如：工业厂房工程中的土建工程、设备安装工程、工业管道工程等
  - 分部（子分部）工程
    - 应按专业性质、建筑部位等划分
    - 地基与基础、主体结构、建筑装饰装修、屋面、建筑给水排水及采暖、建筑电气、智能建筑、通风与空调、电梯、建筑节能工程
  - 分项工程
    - 是分部工程的组成部分，一般按主要工种、材料、施工工艺、设备类别等划分
    - 例如：土方开挖、土方回填、钢筋、模板、混凝土、砖砌体、木门窗制作与安装、玻璃幕墙工程等

实战训练

1. 下列工程中，属于分部工程的是（　　）。

A. 既有工厂的车间扩建工程　　B. 工业车间的设备安装工程

C. 房屋建筑的装饰装修工程　　D. 基础工程中的土方开挖工程

答案：C

2. 根据《建筑工程施工质量验收统一标准》，下列工程中，属于分部工程的是（　　）。

A. 木门窗安装工程　　B. 外墙防水工程

C. 土方开挖工程　　D. 智能建筑工程

答案：D

3. 根据《建筑工程施工质量验收统一验收标准》，下列工程中，属于分项工程的是（　　）。

A. 电气工程　　B. 钢筋工程　　C. 屋面工程　　D. 桩基工程

答案：B

二、工程项目分类

- 工程项目分类
  - 按建设性质划分：新建项目、扩建项目、改建项目、迁建项目、恢复项目
  - 按投资作用划分
    - 生产性工程项目：工业、农业、基础设施、商业
    - 非生产性工程项目：办公用房、居住建筑、公共建筑、其他
  - 按规模划分
    - 不同等级企业可承担不同等级项目
    - 根据各个时期经济发展和实际工作需要而有所变化
  - 按投资效益和市场需求划分
    - 竞争性项目：办公楼、酒店、度假村、高档公寓等
    - 基础性项目：交通、能源、水利、城市公用设施
    - 公益性项目：科技、文教、卫生、体育和环保设施等
  - 按投资来源划分
    - 政府投资项目
      - 经营性政府投资项目实行项目法人责任制，由项目法人对项目实行全过程负责，使项目建设与运营实现一条龙管理。如：水利、电力、铁路等
      - 非经营性政府投资项目可施行“代建制”。使项目的“投资、建设、监管、使用”实现四分离。如：学校、医院、政府办公楼
    - 非政府投资项目
      - 一般均实行项目法人责任制，使项目的建设与建成后的运营实现一条龙管理

实战训练

1. 下列项目中，属于经营性政府投资项目的是（　　）。

A. 国家预算内投资建设的水利项目　B. 教学楼项目
C. 医院门诊楼建设项目　D. 司法机关办公楼

答案：A

2. 根据我国现行规定，不同类别的建设工程项目应采用不同的组织实施方式，下列组合中正确的是（　　）。

A. 竞争性项目——代建制　B. 公益性项目——项目法人责任制
C. 非经营性政府投资项目——代建制　D. 基础性项目——代建制

答案：C

考点二：　工程项目建设程序

一、建设程序的含义和内容

- 建设程序的含义和内容
  - 工程项目建设程序是指工程项目从策划、评估、决策、设计、施工到竣工验收、投入生产或交付使用的整个建设过程中，各项工作必须遵循的先后工作次序
  - 世界银行贷款项目为例，其建设周期包括项目选定、项目准备、项目评估、项目谈判、项目实施和项目总结评价6个阶段

二、决策阶段工作内容

- 决策阶段工作内容
  - 项目建议书
    - 项目建议书是拟建项目单位向国家提出的要求建设某一项目的建议文件，是对工程项目建设的轮廓设想
    - 主要内容
      - 项目提出的必要性和依据
      - 规划和设计方案、产品方案，拟建规模和设计地点的初步设想
      - 资源情况、建设条件、协作关系和设备技术引进国别、厂商的初步分析
      - 投资估算、资金筹措及还贷方案设想
      - 项目进度安排
    - 批准的项目建议书不是项目的最终决策
  - 可行性研究报告
    - 可行性研究是对工程项目在技术上是否可行和经济上是否合理进行科学的分析和论证
    - 主要工作
      - 1）进行需求分析与市场研究，以解决项目建设的必要性及建设规模和标准等问题
      - 2）进行设计方案、工艺技术方案研究，以解决项目建设的技术可行性问题
      - 3）进行财务和经济分析，以解决项目建设的经济合理性问题
  - 项目投资决策管理制度
    - 政府投资项目实行审批制
      - 直接投资和资本金注入
        - 审批项目建议书和可行性研究报告，同时还要严格审批其初步设计和概算，不再审批开工报告
      - 投资补助、转贷和贷款贴息
        - 只审批资金申请报告
    - 非政府投资项目实行核准制或登记备案制
      - 《政府核准的投资项目目录》中的项目
        - 核准制
          - 提交项目申请报告
          - 不批准：项目建议书、可行性研究报告、开工报告
      - 《政府核准的投资项目目录》之外的项目
        - 登记备案制——属地原则

实战训练

1. 工程项目决策阶段编制的项目建议书应包括的内容有（ ）。

A. 环境影响的初步评价　　B. 社会评价和风险分析

C. 主要原材料供应方案　　D. 资金筹措方案设想

E. 项目进度安排

答案： ADE

2. 根据《国务院关于投资体制改革的决定》，实行备案制的项目是（ ）。

A. 政府直接投资的项目

B. 采用资金注入方式的政府投资项目

C. 政府核准的投资项目目录外的企业投资项目

D. 政府核准的投资项目目录内的企业投资项目

答案： C

3. 根据《国务院关于投资体制改革的决定》，采用投资补助、转贷和贷款贴息方式的政府投资项目，政府主管部门只审批（ ）。

A. 资金申请报告　　B. 项目申请报告　　C. 项目备案表　　D. 开工报告

答案： A

三、建设实施阶段工作内容

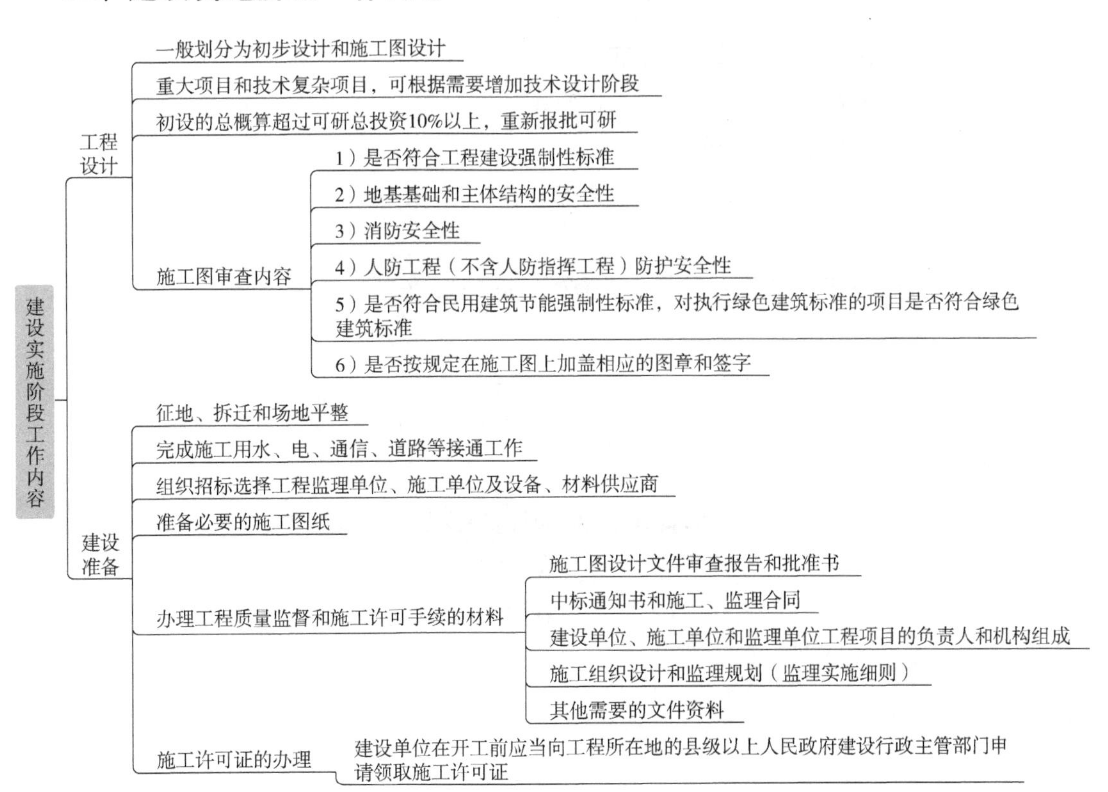

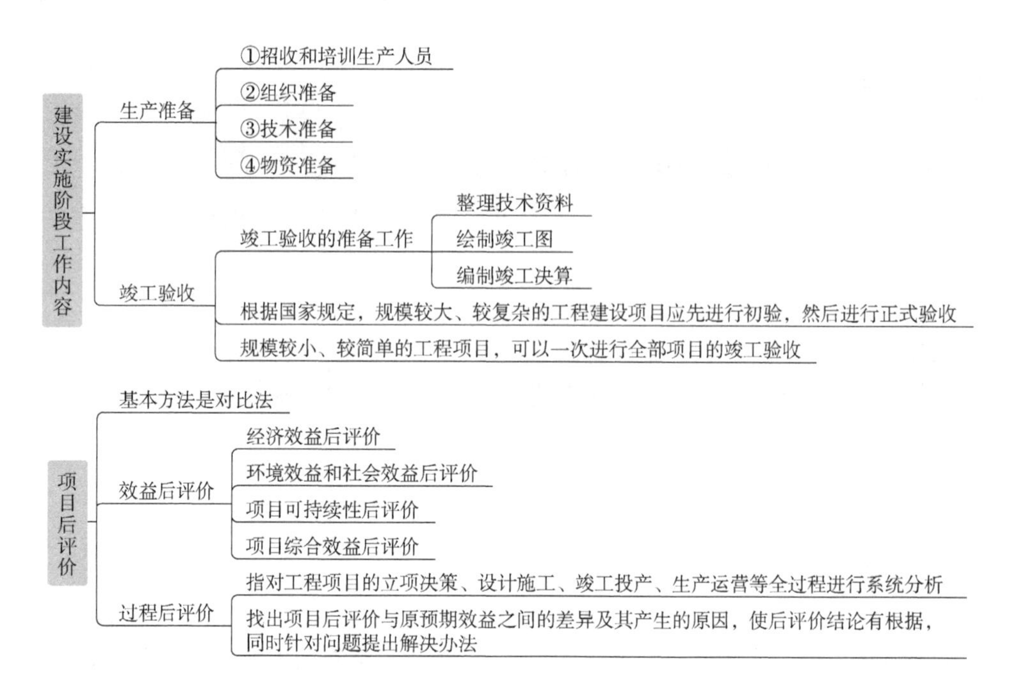

实战训练

1. 根据《房屋建筑和市政基础设施工程施工图设计文件审查管理办法》，施工图审查机构对施工图设计文件审查的内容有（　　）。

A. 是否按限额设计标准进行施工图设计

B. 是否符合工程建设强制性标准

C. 施工图预算是否超过批准的工程概算

D. 地基基础的主体结构的安全性

E. 危险性较大的工程是否有专项施工方案

答案：BD

2. 根据《建筑工程施工图设计文件审查暂行办法》，（　　）应当将施工图报送建设行政主管部门，由其委托有关机构进行审查。

A. 设计单位　　B. 建设单位

C. 咨询单位　　D. 质量监督机构

答案：B

3. 建设单位在办理工程质量监督注册手续时需提供的资料有（　　）。

A. 中标通知书　　B. 施工进度计划

C. 施工方案　　D. 施工组织设计

E. 监理规划

答案：ADE

考点三：工程项目管理类型、任务及相关制度

一、工程项目管理类型和任务

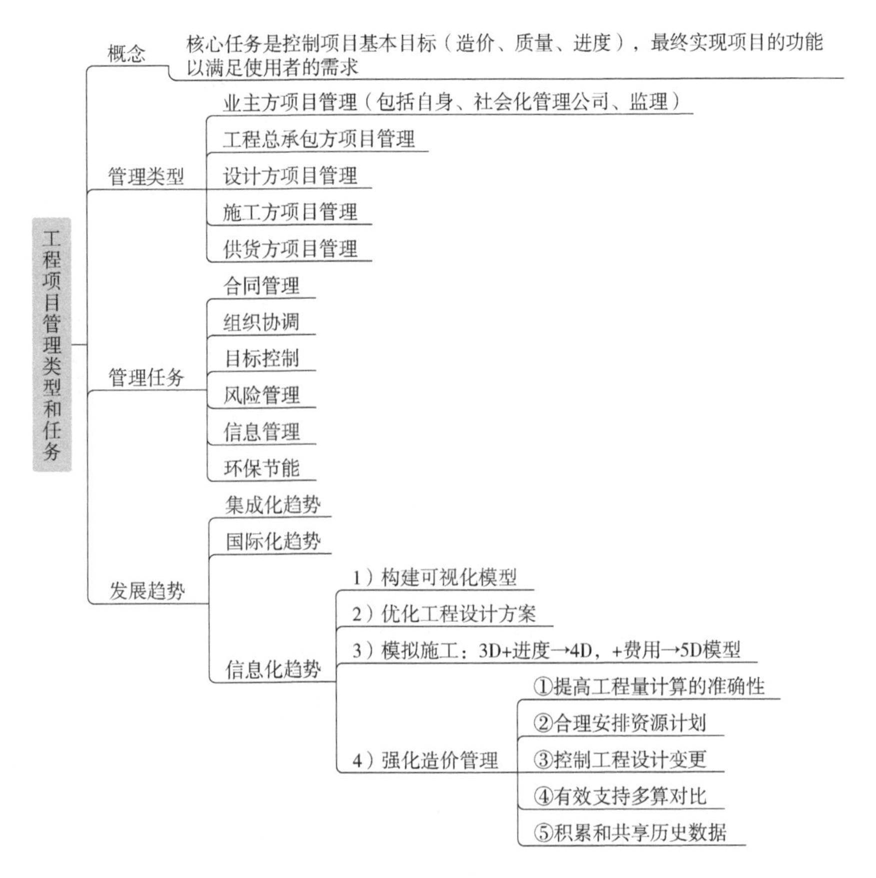

实战训练

1. 在工程建设中，环保方面要求的“三同时”是指主体工程与环保措施工程应（　　）。

A. 同时立项、同时设计、同时施工

B. 同时立项、同时施工、同时竣工

C. 同时设计、同时施工、同时竣工

D. 同时设计、同时施工、同时投入运行

答案：D

2. 为了实现工程造价的模拟计算和动态控制，可应用建筑信息建模（BIM）技术，在包含进度数据的建筑模型上加载费用数据而形成（　　）模型。

A. 6D　　B. 5D

C. 4D　　D. 3D

答案：B

二、工程项目管理相关制度

- 工程项目管理相关制度
  - 项目法人责任制
    - 项目法人对项目策划、资金筹措、建设实施、生产经营、债务偿还和资产的保值增值，全过程负责
    - 核心内容：明确由项目法人承担投资风险，项目法人实行一条龙管理和全面负责
    - 项目法人的设立
      - 新上项目在项目建议书被批准后，应由项目的投资方派代表组成项目法人筹备组，具体负责项目法人的筹建工作
      - 有关单位在申报项目可行性研究报告时，须同时提出项目法人的组建方案，否则，其可行性研究报告将不予审批
      - 在项目可行性研究报告被批准后，应正式成立项目法人
    - 项目董事会的职权
      - 负责筹措建设资金
      - 审核、上报项目初步设计和概算文件
      - 审核、上报年度投资计划并落实年度资金
      - 提出项目开工报告
      - 研究解决建设过程中出现的重大问题
      - 负责提出项目竣工验收申请报告
      - 审定偿还债务计划和生产经营方针，并负责按时偿还债务
      - 聘任或解聘项目总经理，并根据总经理的提名，聘任或解聘其他高级管理人员
    - 项目总经理的职权
      - 组织编制项目初步设计文件，对项目工艺流程、设备选型、建设标准、总图布置提出意见，提交董事会审查
      - 组织工程设计、施工监理、施工队伍和设备材料采购的招标工作，编制和确定招标方案、标底和评标标准，评选和确定投、中标单位
      - 实行国际招标的项目，按现行规定办理
      - 编制并组织实施项目年度投资计划、用款计划、建设进度计划；编制项目财务预、决算
      - 编制并组织实施归还贷款和其他债务计划；组织工程建设实施，负责控制工程投资、工期和质量
      - 在项目建设过程中，在批准的概算范围内对单项工程的设计进行局部调整（凡引起生产性质、能力、产品品种和标准变化的设计调整以及概算调整，需经董事会决定并报原审批单位批准）
      - 根据董事会授权处理项目实施中的重大紧急事件，并及时向董事会报告
      - 负责生产准备工作和培训有关人员
      - 负责组织项目试生产和单项工程预验收
      - 拟订生产经营计划，企业内部机构设置、劳动定员定额方案及工资福利方案
      - 组织项目后评价，提出项目后评价报告
      - 按时向有关部门报送项目建设、生产信息和统计资料
      - 提请董事会聘任或解聘项目高级管理人员
  - 建设工程监理的项目
    - 1.国家重点建设工程
    - 2.大中型公用事业工程
    - 3.成片开发建设的住宅小区工程
    - 4.利用外国政府或者国际组织贷款、援助资金的工程
    - 5.国家规定必须实行监理的其他工程
  - 招标投标制
  - 合同管理制

实战训练

1. 对于实行项目管理法人责任制的项目，项目董事会的责任是（　　）。

A. 组织编制初步设计文件　　B. 控制工程投资、工期和质量

C. 组织工程设计招标　　D. 筹措建设资金

答案：D

2. 根据《关于实行建设项目法人责任制暂行规定》，项目法人应在（　　）正式成立。

A. 项目建议书批准后　　B. 项目施工总设计文件审查通过后

C. 项目可行性研究报告被批准后　　D. 项目初步设计文件被批准后

答案：C

第二节　工程项目组织

核心考点

考点一：业主方项目管理组织

考点二：工程发承包模式

考点三：工程项目管理组织机构形式

考点一：　业主方项目管理组织

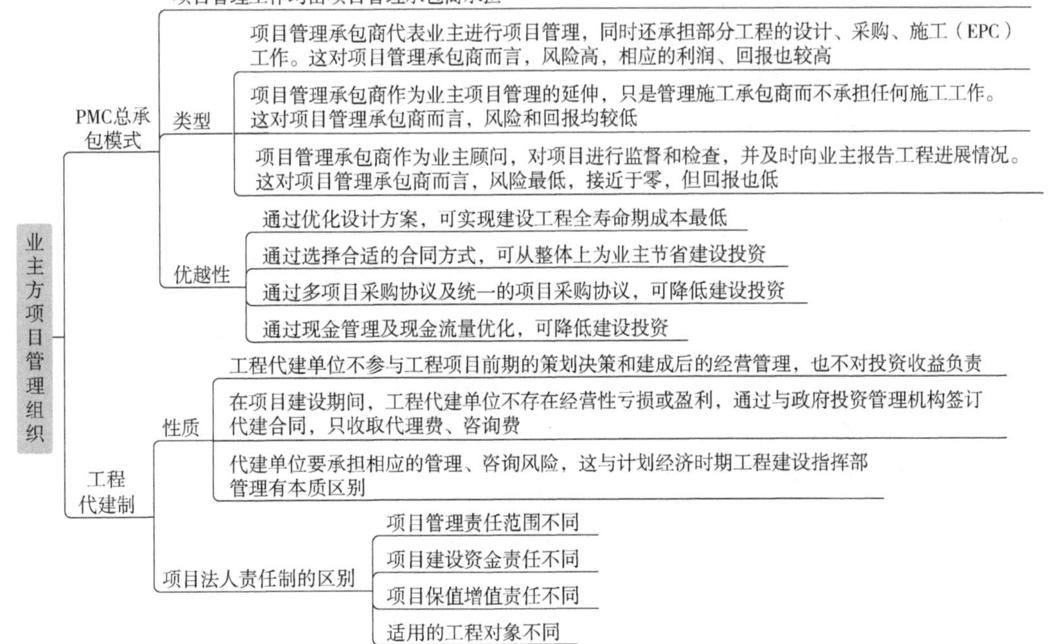

实战训练

1. 项目管理承包商代业主进行项目管理，同时还承担部分工程的设计、采购、施工（EPC）工作，则项目管理承包商的（　　）。

A. 风险高，回报较高　　B. 风险适中，回报较高

C. 风险较低，回报较低　　D. 风险几乎为零，回报最低

答案：A

2. 工程代建制与项目法人责任制的区别在于（　　）。

A. 代建单位负责资金筹措

B. 代建单位不负责项目运营期间的资产保值增值

C. 代建单位参与全过程项目管理

D. 代建单位仅适用于政府投资的各类工程项目

答案：B

3. 与其他项目管理模式相比，PMC 管理模式的优越性在于（　　）。

A. PMC 代替业主决策，提高项目管理的效率

B. 通过优化设计方案，可实现建设工程全寿命期成本最低

C. 通过选择合适的合同方式，可从整体上为业主节省建设投资

D. 通过多项目采购协议及统一的项目采购协议，可降低建设投资

E. 通过现金管理及现金流量优化，可降低建设投资

答案：BCDE

考点二：工程发承包模式

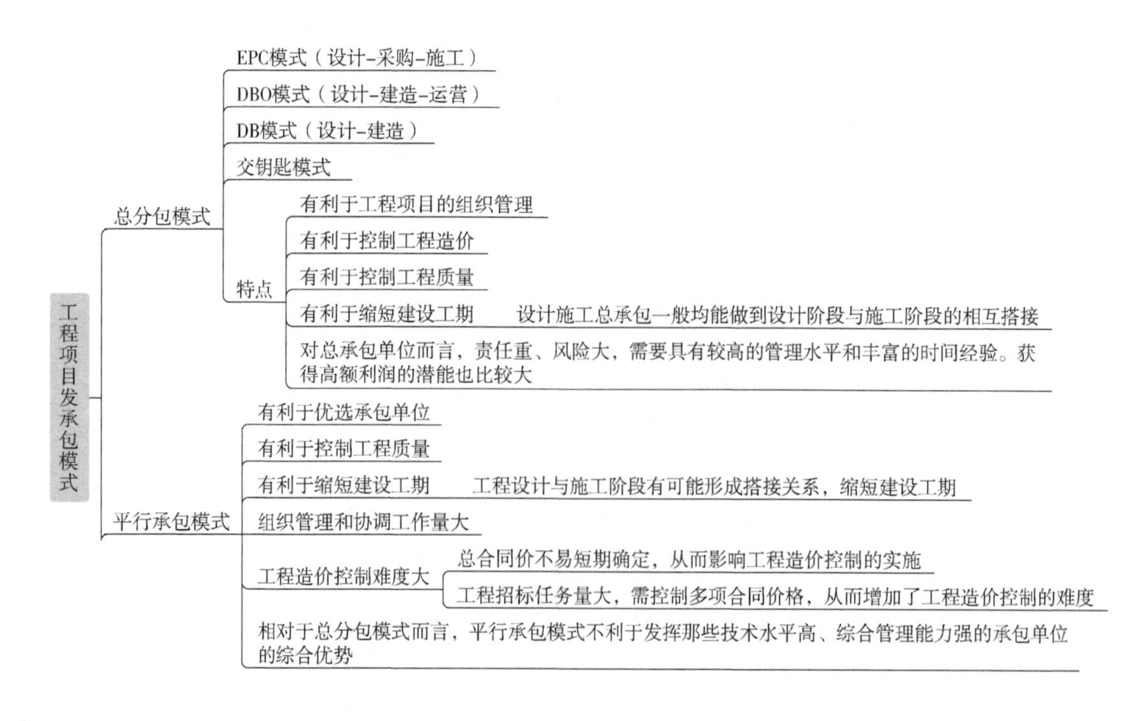

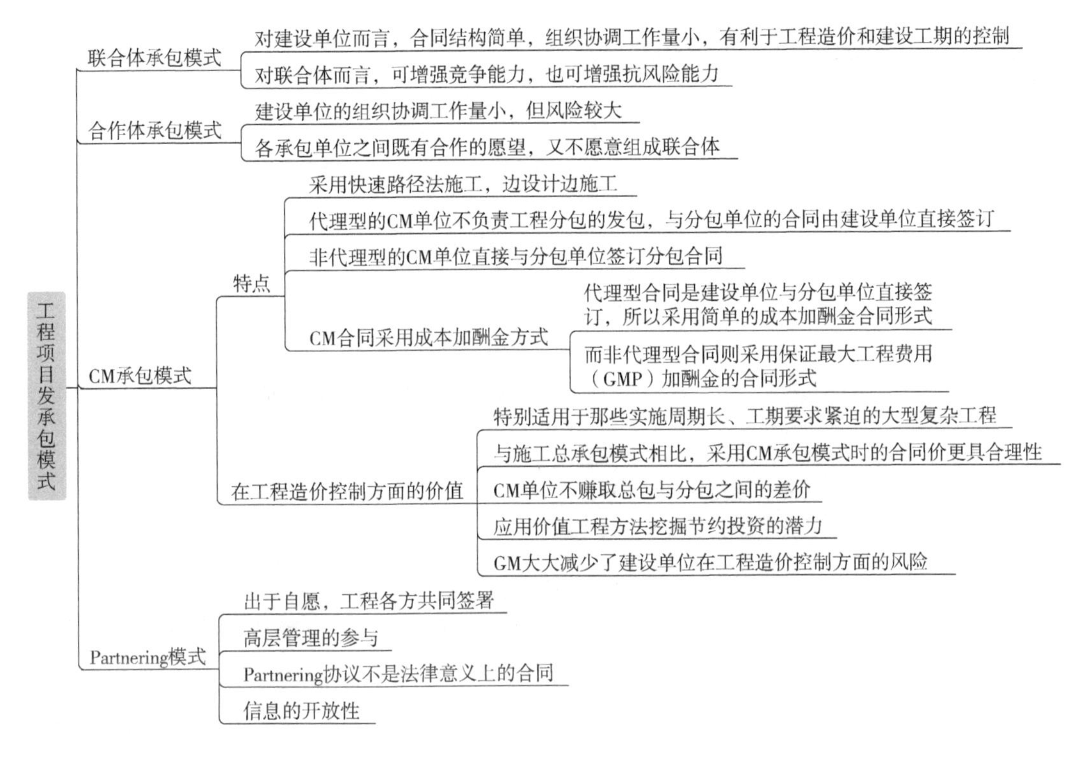

实战训练

1. 建设单位将工程项目设计与施工发包给工程项目管理公司，工程项目管理公司再将所承接的设计和施工任务全部分包给专业设计单位和施工单位，自己专心致力于工程项目管理工作。该项目组织模式属于（ ）。

A. 项目管理承包模式　　B. 工程代建制

C. 总分包模式　　D. CM 承包模式

答案：C

2. 工程项目承包模式中，建设单位组织协调工作量小，但风险较大的是（ ）。

A. 总分包模式　　B. 合作体承包模式

C. 平行承包模式　　D. 联合体承包模式

答案：B

3. CM（Construction Management）承包模式的特点是（ ）。

A. 建设单位与分包单位直接签订合同

B. 采用流水施工法施工

C. CM 单位可赚取总包分包之间的差价

D. 采用快速路径法施工

答案：D

考点三：工程项目管理组织机构形式

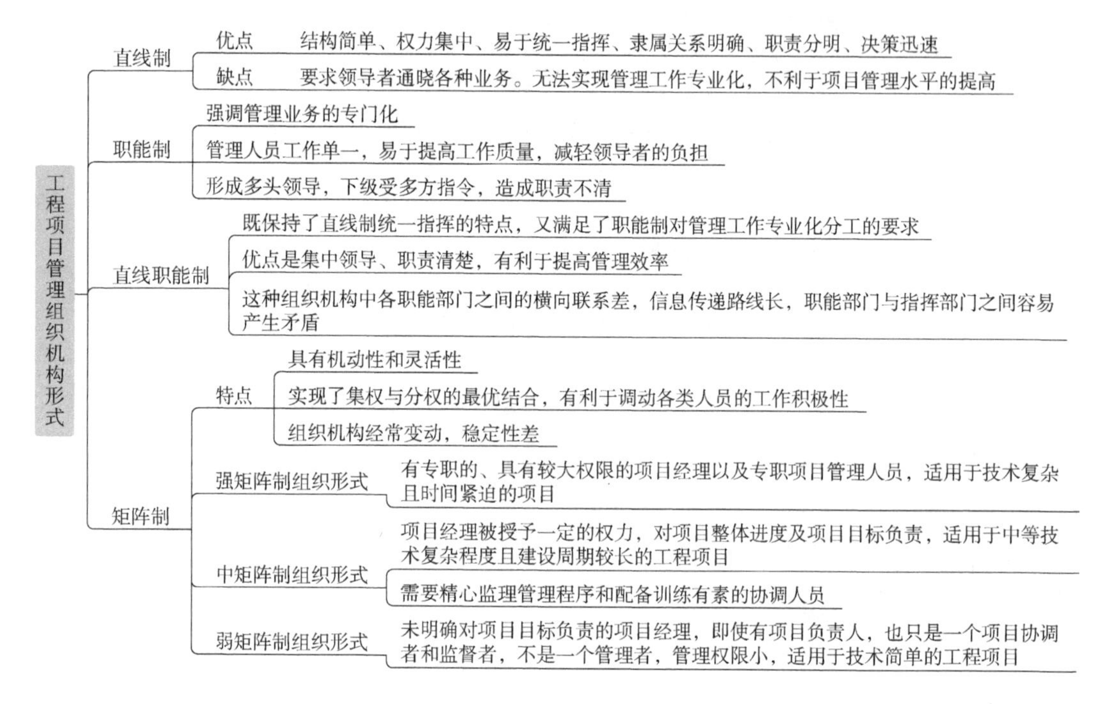

实战训练

1. 直线职能制组织结构的特点是（　　）。

A. 信息传递路径较短　　B. 容易形成多头领导

C. 各职能部门间横向联系强　　D. 各职能部门职责清楚

答案：D

2. 对于技术复杂、各职能部门之间的技术界面比较繁杂的大型工程项目，宜采用的项目组织形式是（　　）组织形式。

A. 直线制　　B. 弱矩阵制　　C. 中矩阵制　　D. 强矩阵制

答案：D

3. 某公司为完成某大型复杂的工程项目，要求在项目管理组织机构内设置职能部门以发挥各类专家作用。同时从公司临时抽调专业人员到项目管理组织机构，要求所有成员只对项目经理负责，项目经理全权负责该项目。该项目管理组织机构宜采用的组织形式是（　　）。

A. 直线制　　B. 强矩阵制　　C. 职能制　　D. 弱矩阵制

答案：B

4. 下列项目管理组织机构形式中，未明确项目经理角色的是（　　）组织机构。

A. 职能制　　B. 弱矩阵制　　C. 平衡矩阵制　　D. 强矩阵制

答案：B

第三节 工程项目计划与控制

核心考点

考点一：工程项目计划体系

考点二：工程项目施工组织设计

一、施工组织总设计

二、单位工程施工组织设计

三、施工方案

四、专项施工方案

考点三：工程项目目标控制的内容、措施和方法

考点一：工程项目计划体系

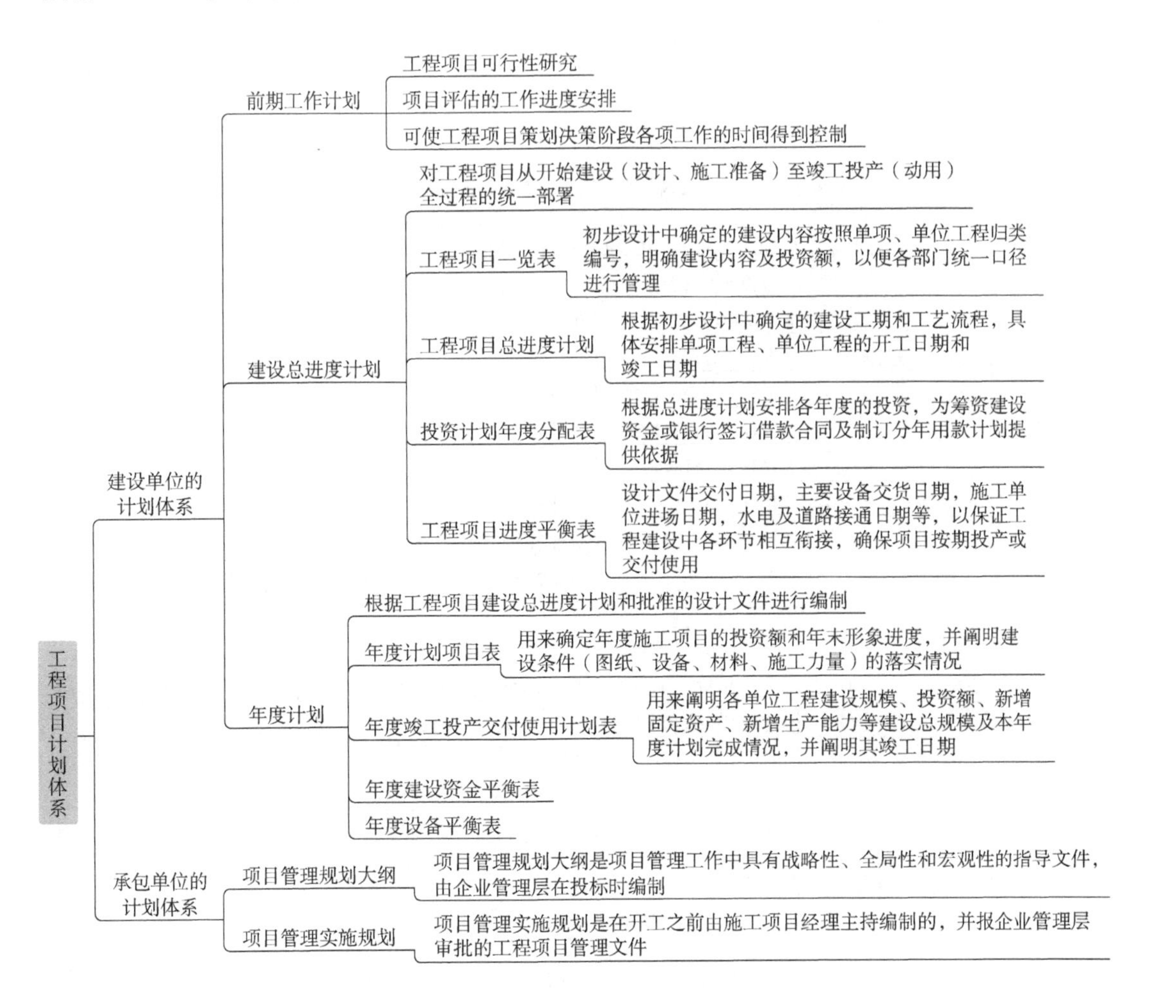

实战训练

1. 下列计划表中，属于建设单位计划体系中工程项目建设总进度计划的是（　　）。

A. 年度计划项目表　　B. 年度建设资金平衡表

C. 投资计划年度分配表　　D. 年度设备平衡表

答案：C

2. 工程项目建设总进度计划表格部分的主要内容有（　　）。

A. 工程项目一览表、工程项目总进度计划、投资计划年度分配表、工程项目进度平衡表

B. 工程项目一览表、年度计划项目表、年度竣工投产交付使用计划表、年度建设资金平衡表

C. 工程概况表、施工总进度计划表、主要资源配置计划表、工程项目进度平衡表

D. 工程概况表、工程项目前期工作进度计划、工程项目总进度计划、工程项目年度计划

答案：A

考点二：　工程项目施工组织设计

一、施工组织总设计

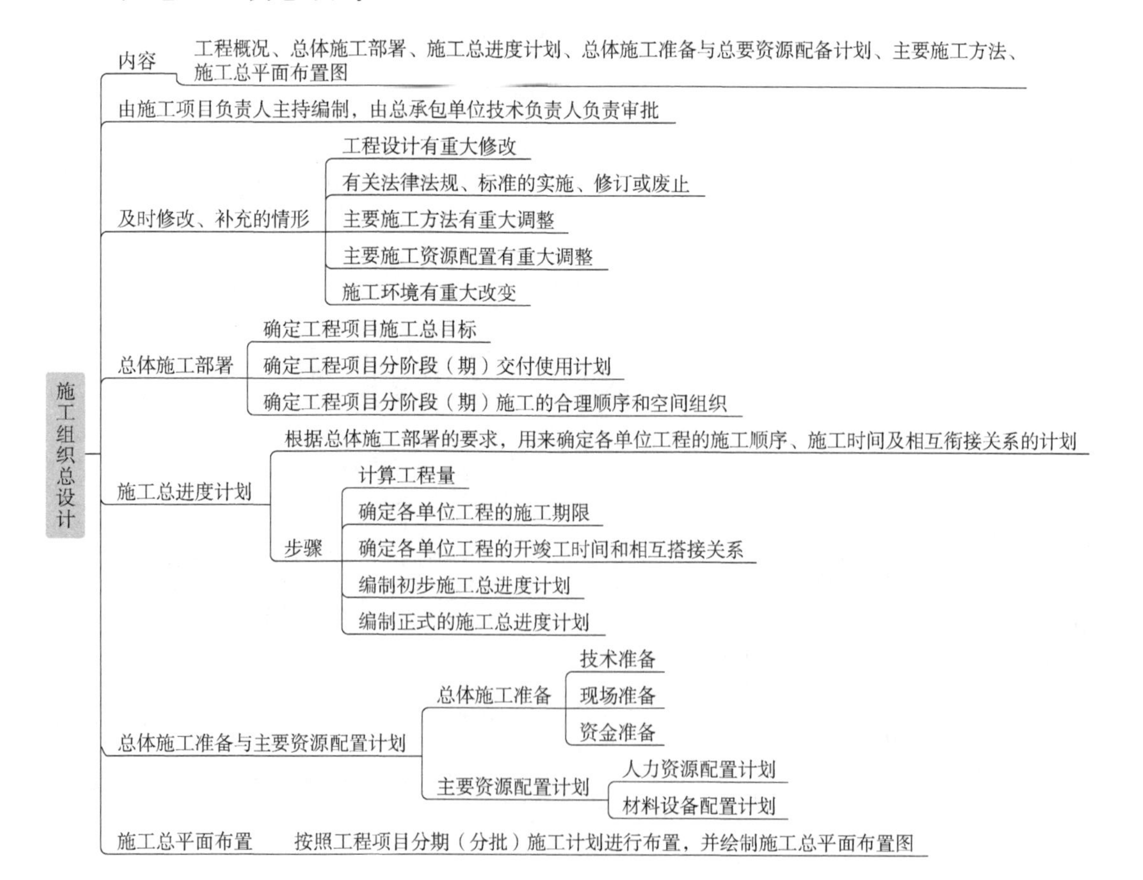

实战训练

1. 施工组织总设计的主要内容包括（　　）。

A. 总体施工部署　　B. 施工总进度计划

C. 施工方法及工艺要求　　D. 总体施工准备

E. 施工总平面图布置图

答案：ABDE

2. 根据《建筑施工组织设计规范》，施工组织总设计应由（　　）主持编制。

A. 总承包单位技术负责人　　B. 施工项目负责人

C. 总承包单位法定代表人　　D. 施工项目技术负责人

答案：B

3. 施工总进度计划是施工组织总设计的主要组成部分，编制施工总进度计划的主要工作有（　　）。

A. 确定总体施工准备条件

B. 计算工程量

C. 确定各单位工程的施工期限

D. 确定各单位工程的开竣工时间和相互搭接关系

E. 确定主要施工方法

答案：BCD

二、单位工程施工组织设计

单位工程施工组织设计
- 内容：工程概况、施工部署（纲领）、施工进度计划、施工准备、资源配备计划、主要施工方案、施工现场平面布置图
- 施工部署
  - 工程项目施工目标
  - 进度安排和空间组织
  - 工程重点和难点分析
  - 工程项目管理组织机构
- 施工进度计划
  - 划分工作项目
  - 确定施工顺序
  - 计算工程量
  - 计算劳动量和机械台班数
  - 确定工程项目的持续时间
    - 最小工作面限定了每班安排人数的上限
    - 最小劳动组合限定了每班安排人数的下限
  - 绘制施工进度计划图
  - 施工进度的检查与调整
- 主要施工方案
  - 对主要分部、分项工程制订施工方案
  - 对脚手架工程、起重吊装工程、临时用水用电工程、季节性施工等专项工程所采用的施工方案进行必要的验算和说明
- 施工现场平面布置：结合施工组织总设计，按不同的施工阶段分别绘制施工现场平面布置图
- 单位工程施工组织设计是指以单位（子单位）工程为主要对象编制的施工组织设计，对单位（子单位）工程的施工过程起指导和制约作用
- 单位工程施工组织设计应由施工项目负责人主持编制，应由施工单位技术负责人或其授权的技术人员负责审批

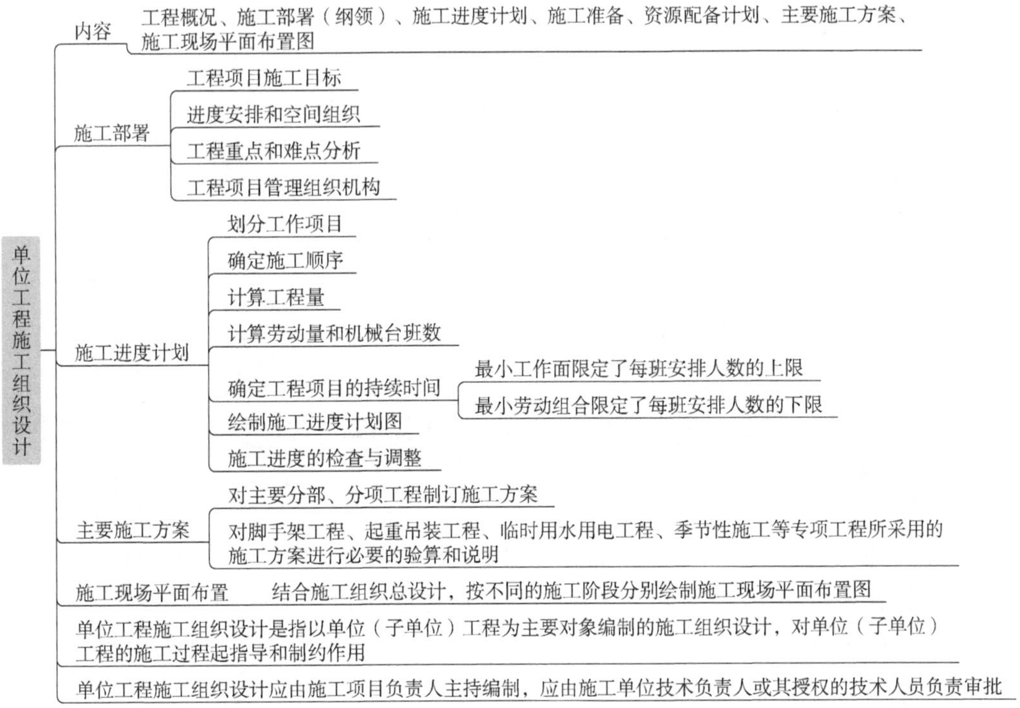

实战训练

1. 下列组成内容中，属于单位工程施工组织设计纲领性内容的是（　　）。

A. 施工进度计划　　B. 施工方法

C. 施工现场平面布置　　D. 施工部署

答案：D

2. 编制单位工程施工进度计划时，确定工作项目持续时间需要考虑每班工人数量，限定每班工人数量上限的因素是（　　）。

A. 工作项目工程量　　B. 最小劳动组合

C. 人工产量定额　　D. 最小工作面

答案：D

三、施工方案

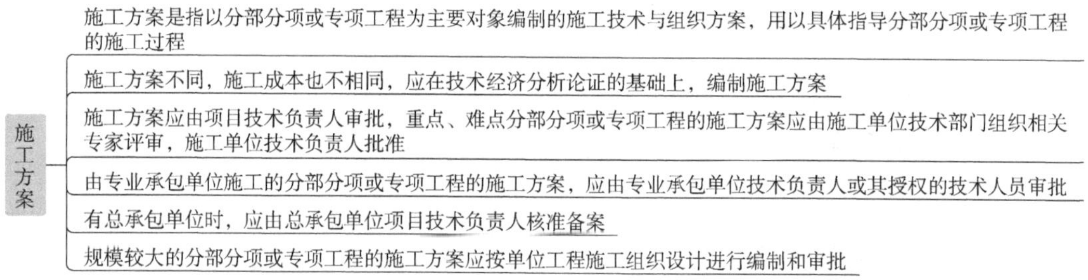

- 施工方案
  - 施工方案是指以分部分项或专项工程为主要对象编制的施工技术与组织方案，用以具体指导分部分项或专项工程的施工过程
  - 施工方案不同，施工成本也不相同，应在技术经济分析论证的基础上，编制施工方案
  - 施工方案应由项目技术负责人审批，重点、难点分部分项或专项工程的施工方案应由施工单位技术部门组织相关专家评审，施工单位技术负责人批准
  - 由专业承包单位施工的分部分项或专项工程的施工方案，应由专业承包单位技术负责人或其授权的技术人员审批
  - 有总承包单位时，应由总承包单位项目技术负责人核准备案
  - 规模较大的分部分项或专项工程的施工方案应按单位工程施工组织设计进行编制和审批

四、专项施工方案

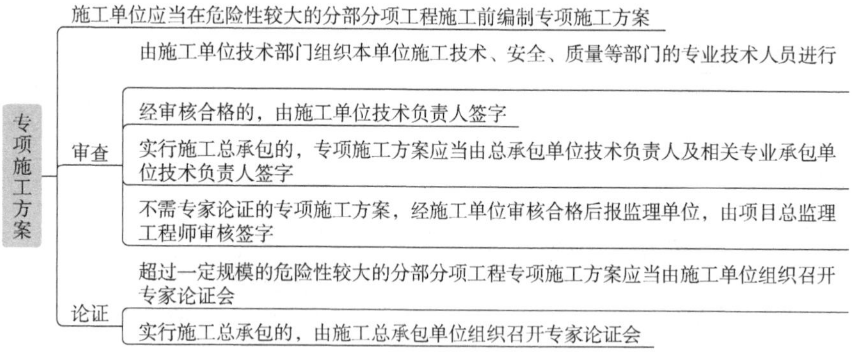

- 专项施工方案
  - 施工单位应当在危险性较大的分部分项工程施工前编制专项施工方案
  - 审查
    - 由施工单位技术部门组织本单位施工技术、安全、质量等部门的专业技术人员进行
    - 经审核合格的，由施工单位技术负责人签字
    - 实行施工总承包的，专项施工方案应当由总承包单位技术负责人及相关专业承包单位技术负责人签字
    - 不需专家论证的专项施工方案，经施工单位审核合格后报监理单位，由项目总监理工程师审核签字
  - 论证
    - 超过一定规模的危险性较大的分部分项工程专项施工方案应当由施工单位组织召开专家论证会
    - 实行施工总承包的，由施工总承包单位组织召开专家论证会

实战训练

专项施工方案应由（　　）组织召开专家论证会。

A. 设计单位　　B. 监理单位

C. 建设单位　　D. 施工单位

答案：D

考点三：工程项目目标控制的内容、措施和方法

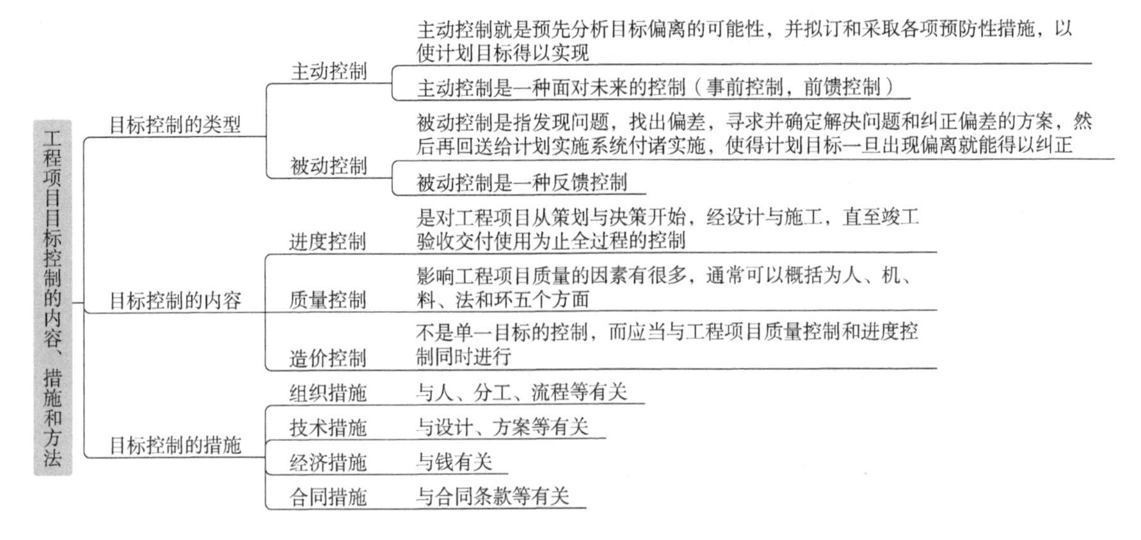

实战训练

下列控制措施中，属于工程项目目标被动控制措施的是（　　）。

A. 制订实施计划时，考虑影响目标实现和计划实施的不利因素

B. 说明和揭示影响目标实现和计划实施的潜在风险因素

C. 制订必要的备用方案，以应对可能出现的影响目标实现的情况

D. 跟踪目标实施情况，发现目标偏离时及时采取纠偏措施

答案：D

工程项目目标控制的方法

- 网络计划法
  - 是一种用于工程进度控制的有效方法
  - 采用这种方法有助于工程成本控制和资源的优化配置
- S曲线法
  - 如果以横坐标表示时间，纵坐标表示累计完成的工程数量或造价
  - S曲线可用于控制工程造价和工程进度
- 香蕉曲线法
  - 以工程网络计划为基础绘制的
  - ES曲线\LS曲线，两条S曲线组合在一起，即成为香蕉曲线
  - 香蕉曲线可控制工程造价和工程进度
- 排列图法
  - 将影响质量的因素分为三类
  - 累计频率在0～80%范围的因素，称为A类因素，是主要因素
  - 在80%～90%范围内的为B类因素，是次要因素
  - 在90%～100%范围内的为C类因素，是一般因素
- 因果分析图法
  - 又叫树枝图或鱼刺图，是用来寻找某种质量问题产生原因的有效工具
- 直方图法
  - 折齿型分布　由于作频数表时，分组不当或组距确定不当所致
  - 绝壁型分布　分布中心偏向一侧，通常是因操作者的主观因素所造成
  - 孤岛型分布　少量材料不合格或短时间内工人操作不熟练所造成
  - 双峰型分布　一般是由于在抽样检查以前，数据分类工作不够好，使两个分布混淆在一起所造成
- 控制图法
  - 排列图法、直方图法是质量控制的静态分析方法，反映的是质量在某一段时间里的静止状态
  - 控制图法就是一种典型的动态分析方法

实战训练

1. 香蕉曲线法和S曲线法均可用来控制工程造价和工程进度。二者的主要区别是：香蕉曲线以（　　）为基础绘制。

A. 施工横道计划　　B. 流水施工计划

C. 工程网络计划　　D. 挣值分析计划

答案：C

2. 应用直方图法分析工程质量状况时，直方图出现折齿型分布的原因是（　　）。

A. 数据分组不当或组距确定不当　　B. 少量材料不合格

C. 短时间内工人操作不熟练　　D. 数据分类不当

答案：A

3. 下列工程项目目标控制方法中，可用来找出工程质量主要影响因素的是（　　）。

A. 直方图法　　B. 鱼刺图法

C. 排列图法　　D. S曲线法

答案：C

第四节　流水施工组织方法

核心考点

考点一：流水施工的特点和参数

考点二：流水施工的基本组织方式

一、有节奏流水施工

二、非节奏流水施工

考点一：流水施工的特点和参数

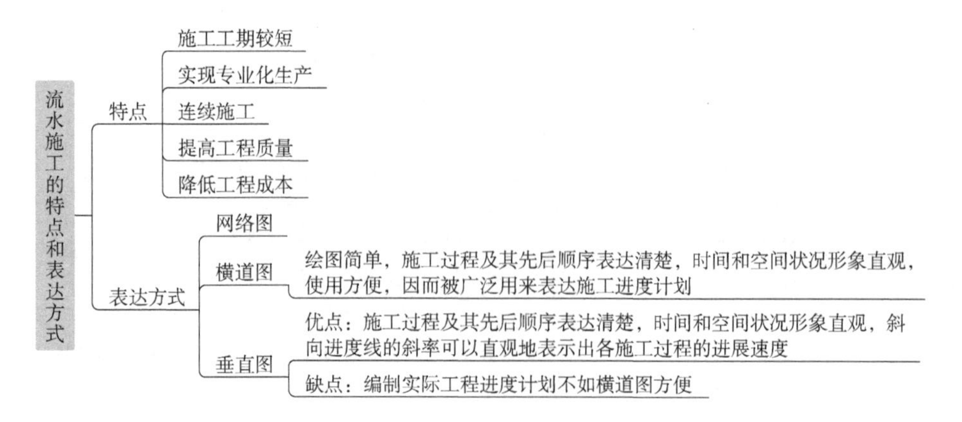

工艺参数
- 施工过程
  - 组织建设工程流水施工时，根据施工组织及计划安排需要而将计划任务划分成的子项称为施工过程
  - 用n表示
- 流水强度
  - 流水施工的某施工过程（队）在单位时间内所完成的工程量，也称为流水能力或生产能力

实战训练

1. 下列流水施工参数中，属于工艺参数的是（　　）。

   A. 施工过程　　B. 施工段

   C. 流水步距　　D. 流水节拍

   答案： A

2. 关于流水施工方式特点的说法，正确的有（　　）。

   A. 施工工期较短，可以尽早发挥项目的投资效益

   B. 实现专业化生产，可以提高施工技术水平和劳动生产率

   C. 工人连续施工，可以充分发挥施工机械和劳动力的生产效率

   D. 提高工程质量，可以增加建设工程的使用寿命

   E. 工作队伍较多，可能增加总承包单位的成本

   答案： ABCD

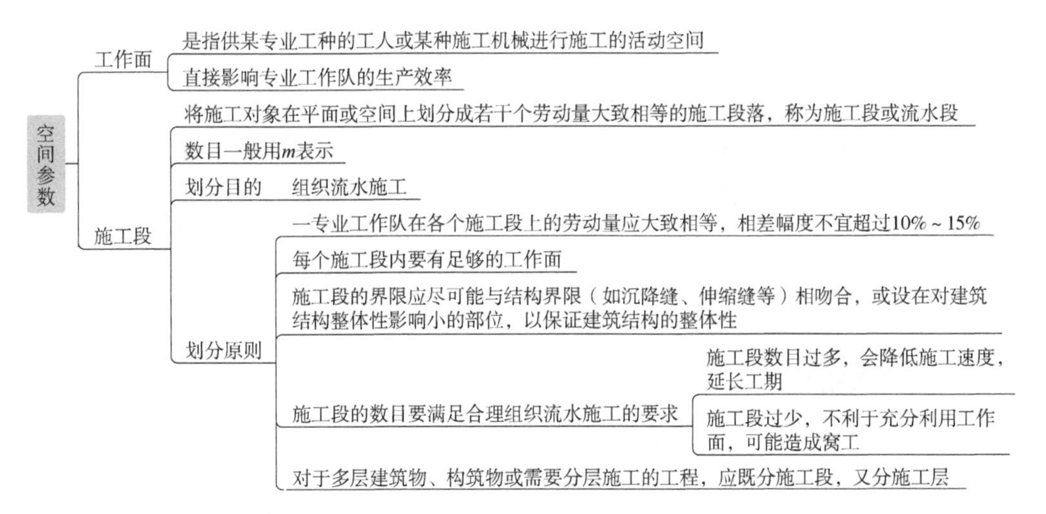

实战训练

1. 下列流水施工参数中，属于空间参数的有（　　）。

   A. 流水步距　　B. 工作面

   C. 流水强度　　D. 施工过程

   E. 施工段

   答案： BE

2. 组织建设工程流水施工时，划分施工段的原则是（　　）。

A. 同一专业工作队在各个施工段上的劳动量应大致相等

B. 施工段的数目应尽可能多

C. 每个施工段内要有足够的工作面

D. 施工段的界限应尽可能与结构界限相吻合

E. 多层建筑物应既分施工段又分施工层

答案：ACDE

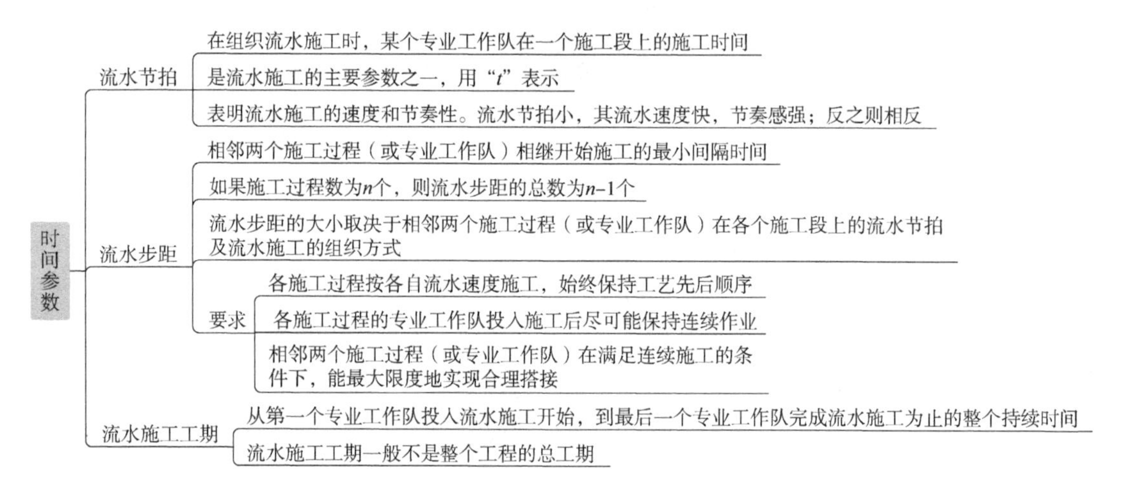

实战训练

1. 下列流水施工参数中，均属于时间参数的是（　　）。

A. 流水节拍和流水步距　　B. 流水步距和流水强度

C. 流水强度和流水段　　D. 流水段和流水节拍

答案：A

2. 建设工程组织流水施工时，某施工过程（专业工作队）在单位时间内完成的工作量成为（　　）。

A. 流水节拍　　B. 流水步距

C. 流水节奏　　D. 流水能力

答案：D

考点二：　流水施工的基本组织方式

一、有节奏流水施工

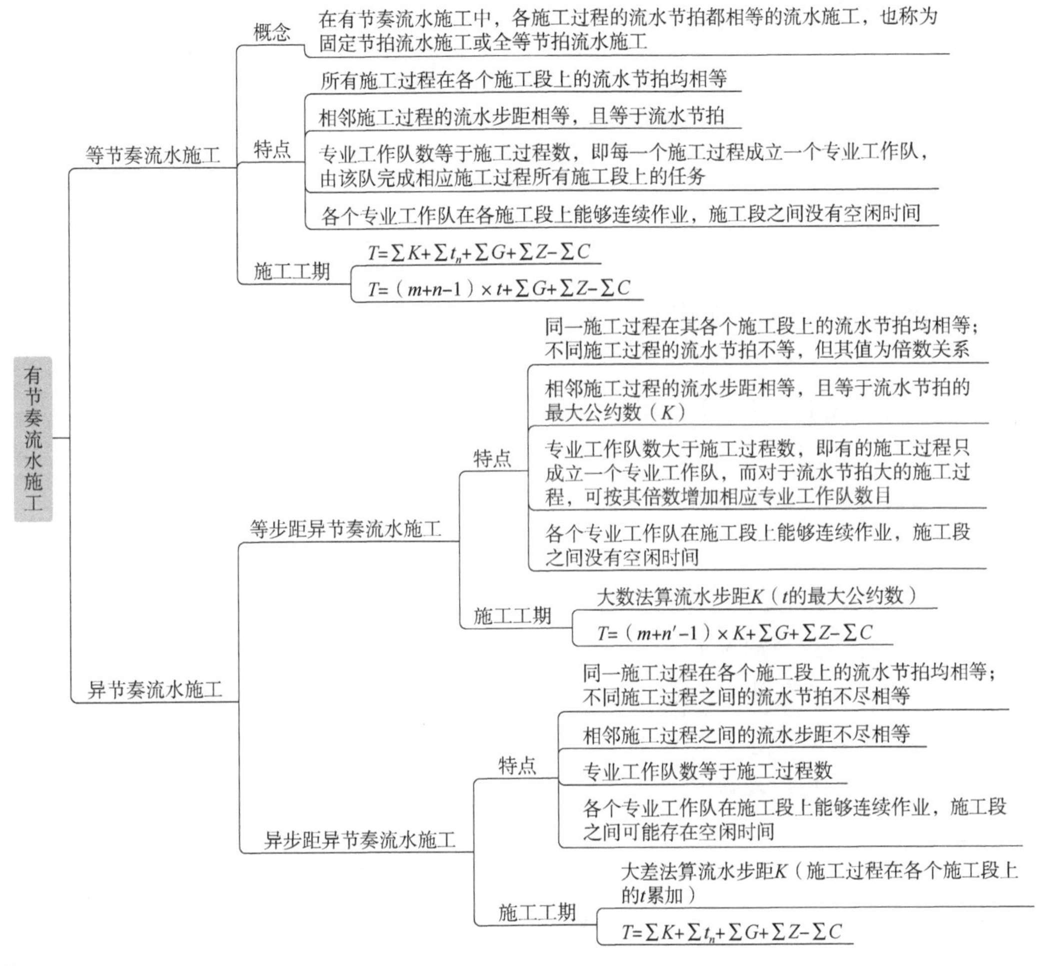

实战训练

1. 固定节拍流水施工的特点有（　　）。

A. 各施工段上的流水节拍均相等　　B. 相邻施工过程的流水步距均相等

C. 专业工作队数等于施工过程数　　D. 施工段之间可能有空闲时间

E. 有的专业工作队不能连续作业

答案：ABC

2. 某工程组织成倍节拍流水施工，10 个施工段 4 个施工过程的流水节拍分别为 4 天、6 天、6 天、12 天，则总工期为（　　）天。

A. 39　　B. 46　　C. 54　　D. 78

答案：B

二、非节奏流水施工

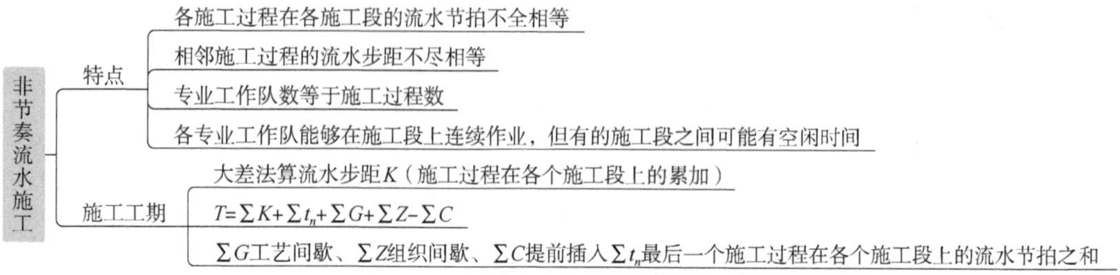

- 非节奏流水施工
  - 特点
    - 各施工过程在各施工段的流水节拍不全相等
    - 相邻施工过程的流水步距不尽相等
    - 专业工作队数等于施工过程数
    - 各专业工作队能够在施工段上连续作业，但有的施工段之间可能有空闲时间
  - 施工工期
    - 大差法算流水步距K（施工过程在各个施工段上的累加）
    - $T=\sum K+\sum t_n+\sum G+\sum Z-\sum C$
    - $\sum G$工艺间歇、$\sum Z$组织间歇、$\sum C$提前插入$\sum t_n$最后一个施工过程在各个施工段上的流水节拍之和

实战训练

1. 工程项目组织非节奏流水施工的特点是（　　）。

A. 相邻施工过程的流水步距相等

B. 各施工段上的流水节拍相等

C. 施工段之间没有空闲时间

D. 专业工作队数等于施工过程数

答案：D

2. 等节奏流水施工与非节奏流水施工的共同特点是（　　）。

A. 相邻施工过程的流水步距相等

B. 施工段之间可能有空闲时间

C. 专业工作队数等于施工过程数

D. 各施工过程在各施工段的流水节拍相等

答案：C

第五节　工程网络计划技术

核心考点

考点一：网络图绘制

考点二：网络计划时间参数

一、时间参数的基本概念

二、双代号网络计划时间参数的计算方法

考点三：双代号时标网络计划

考点四：网络计划优化

考点五：网络计划执行中的控制

考点一：网络图绘制

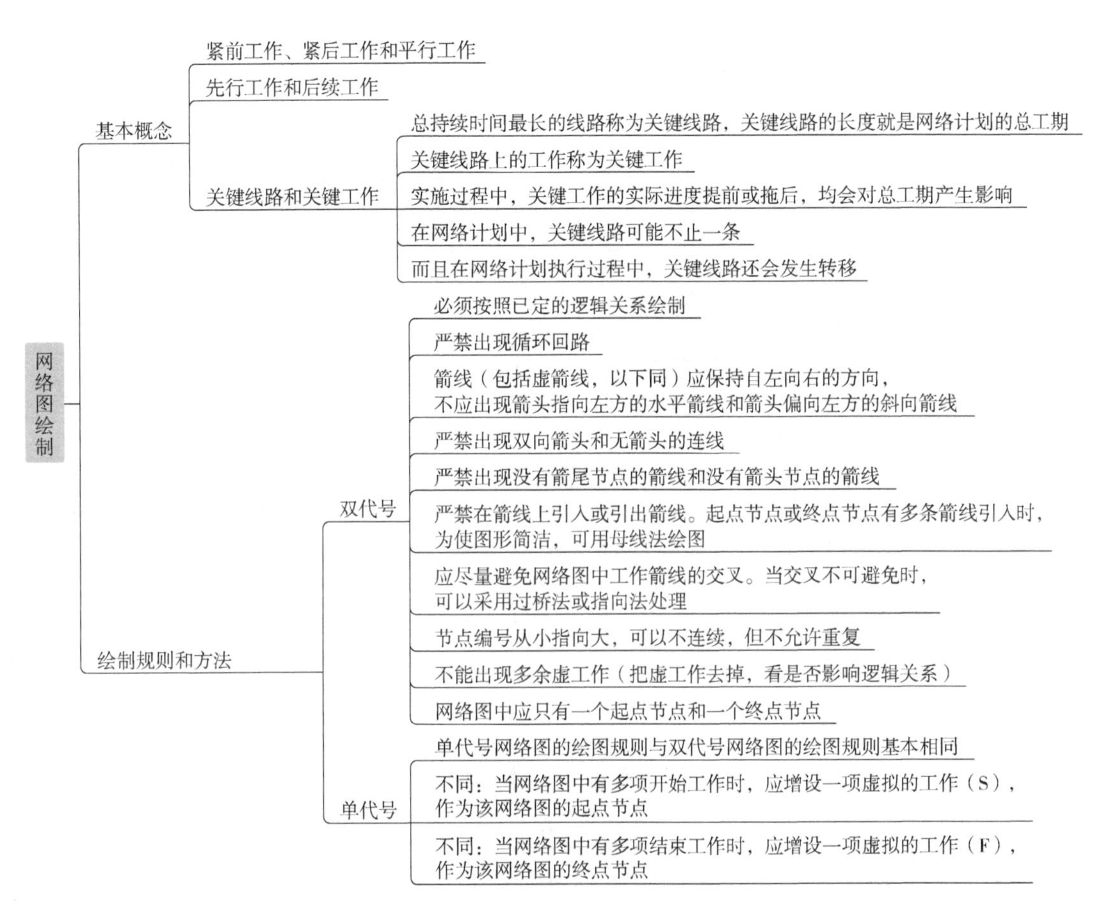

实战训练

某工程双代号网络图如下图所示，存在的绘图错误是（　　）。

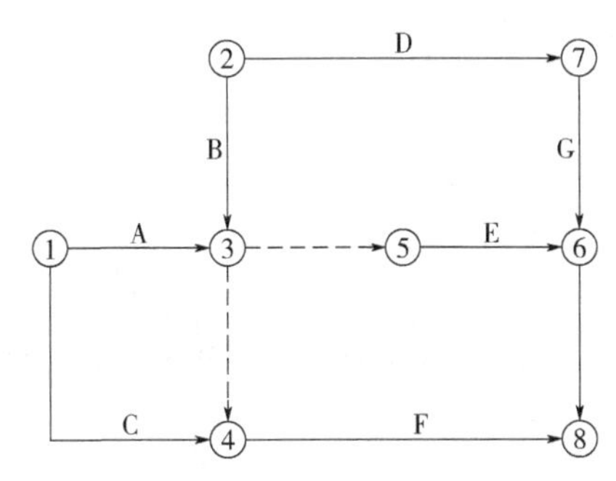

A. 多个起点节点　　B. 多个终点节点

C. 存在循环回路　　D. 节点编号错误

E. 多余虚工作

答案： ADE

考点二： 网络计划时间参数

一、时间参数的基本概念

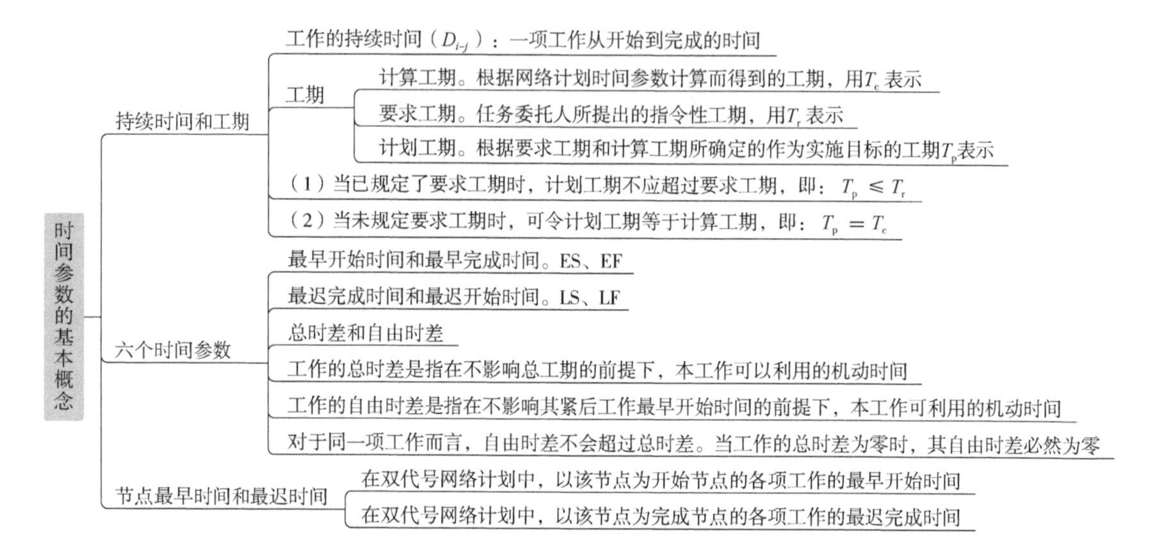

实战训练

不影响其今后工作最早开始时间的前提下，本工作可以利用的机动时间是（　　）。

A. 总时差　　B. 自由时差

C. 时间间隔　　D. 搭接时间

答案： B

二、双代号网络计划时间参数的计算方法

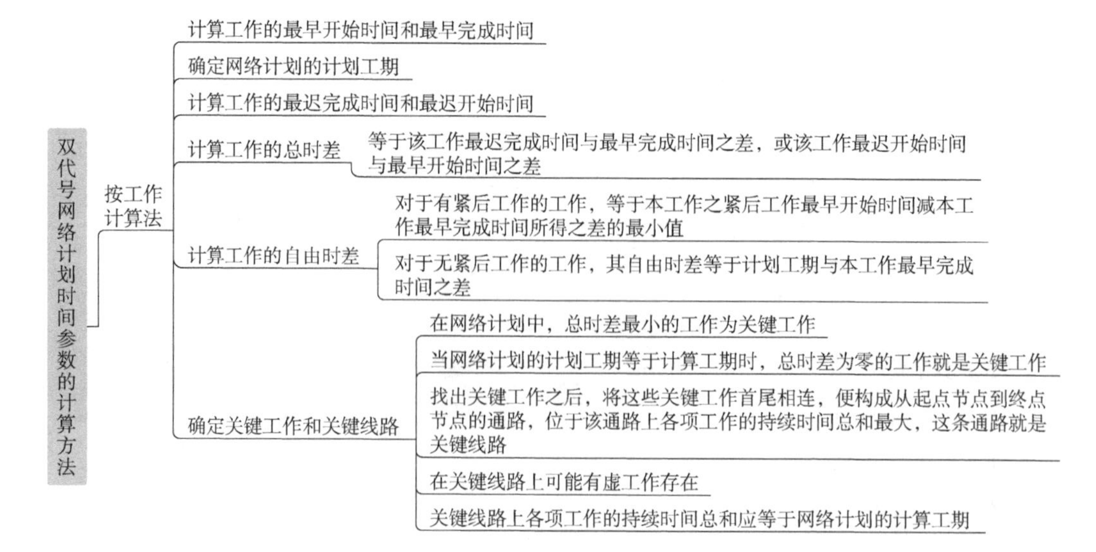

双代号网络计划时间参数的计算方法

- 按节点计算法
  - 工作的最早开始时间等于该工作开始节点的最早时间
  - 工作的最早完成时间等于该工作开始节点的最早时间与其持续时间之和
  - 工作的最迟完成时间等于该工作完成节点的最迟时间
  - 工作的最迟开始时间等于该工作完成节点的最迟时间与其持续时间之差
  - 工作的总时差等于该工作完成节点的最迟时间减去该工作开始节点的最早时间所得差值再减其持续时间
- 标号法
  - 关键线路应从网络计划的终点节点开始，逆着箭线方向按源节点确定

实战训练

1. 某工程网络计划中，工作 M 有两项紧后工作，最早开始时间分别为 12 和 13。工作 M 的最早开始时间为 8，持续时间为 3。则工作 M 的自由时差为（　　）。

A. 1　　B. 2　　C. 3　　D. 4

答案：A

2. 工程网络计划中工作，D 有两项紧后工作，最早开始时同分别为 17 和 20，工作 D 的最开始时间为 12，持续时间为 3，则工作 D 的自由时差为（　　）。

A. 5　　B. 4　　C. 3　　D. 2

答案：D

考点三：　双代号时标网络计划

双代号时标网络计划

- 绘制方法
  - 以实箭线表示工作，实箭线的水平投影长度表示该工作的持续时间
  - 以虚箭线表示虚工作，由于虚工作的持续时间为零，故虚箭线只能垂直画
  - 以波形线表示工作与其紧后工作之间的时间间隔
  - 以终点节点为完成节点的工作除外，当计划工期等于计算工期时，这些工作箭线中波形线的水平投影长度表示其自由时差
- 关键线路的判定
  - 时标网络计划中的关键线路可从网络计划的终点节点开始，逆着箭线方向进行判定
  - 凡自始至终不出现波形线的线路即为关键线路
  - 因为不出现波形线，就说明在这条线路上相邻两项工作之间的时间间隔全部为零，也就是在计算工期等于计划工期的前提下，这些工作的总时差和自由时差全部为零
- 计算工期的判定
  - 等于终点节点所对应的时标值与起点节点所对应的时标值之差
- 相邻两项工作之间时间间隔的判定
  - 除以终点节点为完成节点的工作外，工作箭线中波形线的水平投影长度表示工作与紧后工作之间的时间间隔
- 时间参数
  - 最早开始时间
    - 工作箭线左端节点中心所对应的时标值为该工作的最早开始时间
    - 当工作箭线中不存在波形线时，其右端节点中心所对应的时标值为该工作的最早完成时间
    - 当工作箭线中存在波形线时，工作箭线实线部分右端点所对应的时标值为该工作的最早完成时间

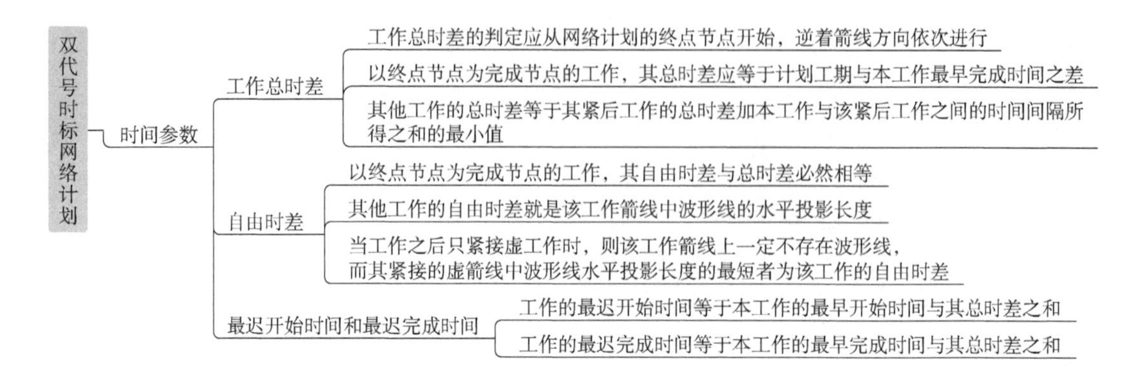

实战训练

1. 某工程双代号时标网络计划如下图所示，由此可以判断出（　　）。

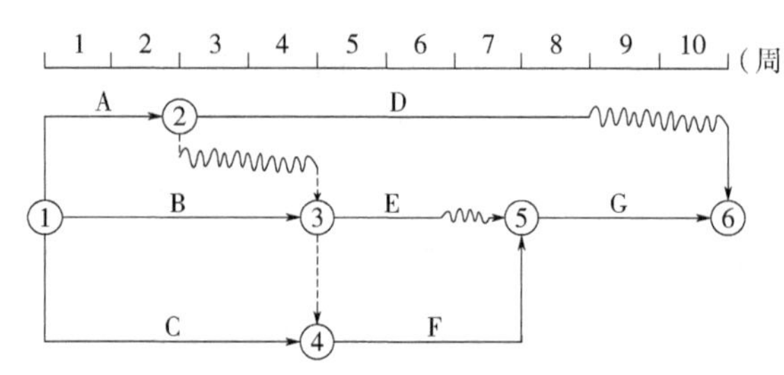

A. 工作 A 为关键工作　　B. 工作 B 的总时差为 0

C. 工作 E 的总时差为 0　　D. 工作 F 的自由时差为 0

E. 工作 D 的总时差与自由时差相等

答案：BDE

2. 工程网络计划中，关键线路是指（　　）的线路。

A. 双代号网络计划中无虚箭线

B. 单代号网络计划中由关键工作组成

C. 双代号时标网络计划中无波形图

D. 双代号网络计划中由关键节点组成

答案：C

3. 在工程网络计划中，关键工作是指（　　）的工作。

A. 最迟完成时间与最早完成时间之差最小

B. 自由时差为零

C. 总时差最小

D. 持续时间最长

E. 时标网络计划中没有波形线

答案：AC

考点四：网络计划优化

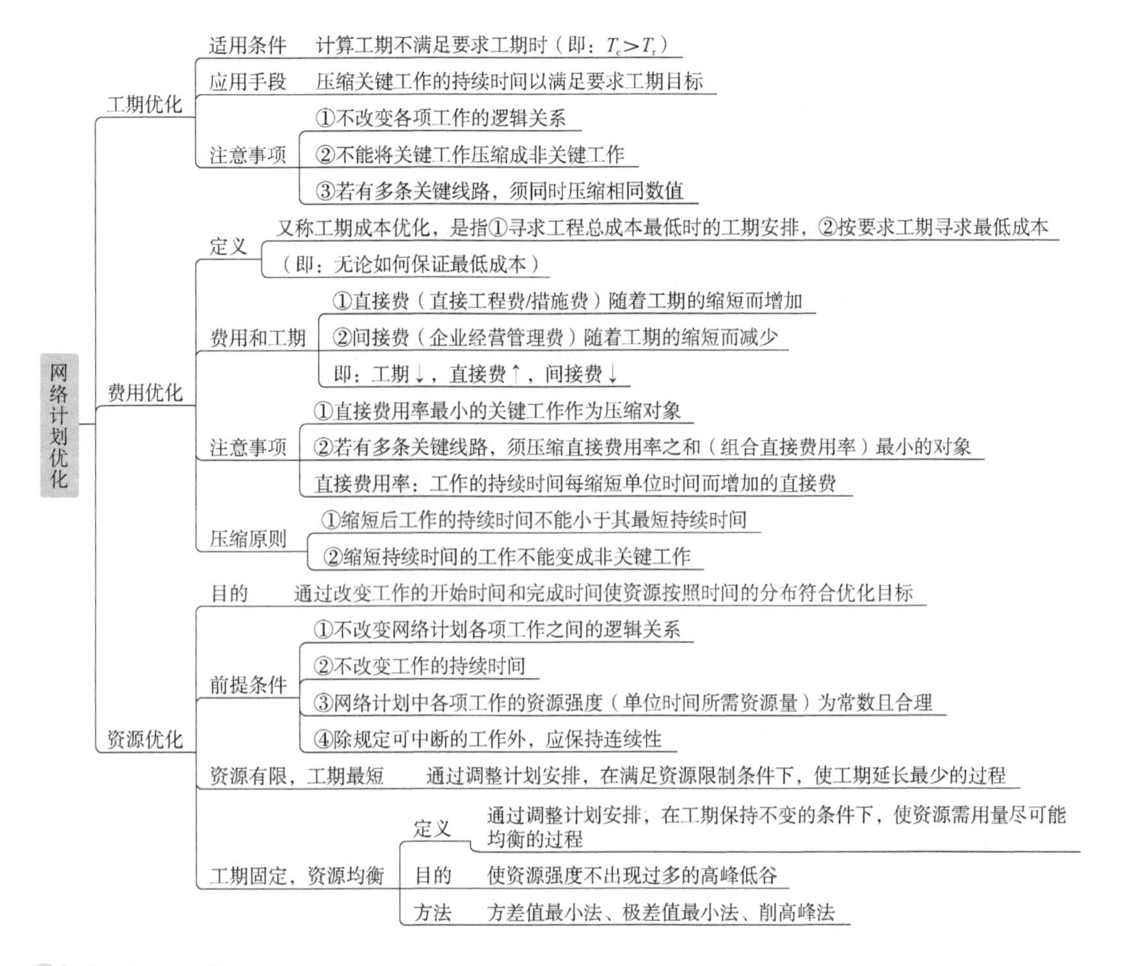

实战训练

1. 工程网络计划费用优化的基本思路是，在网络计划中，当有多条关键线路时，应通过不断缩短（　　）的关键工作持续时间来达到优化目的。

A. 直接费总和最大　　B. 组合间接费用率最小

C. 间接费总和最大　　D. 组合直接费用率最小

答案：D

2. 工程网络计划工期优化的目的是使（　　）。

A. 计划工期满足合同工期　　B. 计算工期满足计划工期

C. 要求工期满足合同工期　　D. 计算工期满足要求工期

答案：D

3. 工程网络计划资源优化的目的是通过改变（　　），使资源按照时间的分布符合优化目标。

A. 工作间逻辑关系　　B. 工作的持续时间

C. 工作的开始时间和完成时间　　D. 工作的资源强度

答案： C

考点五：网络计划执行中的控制

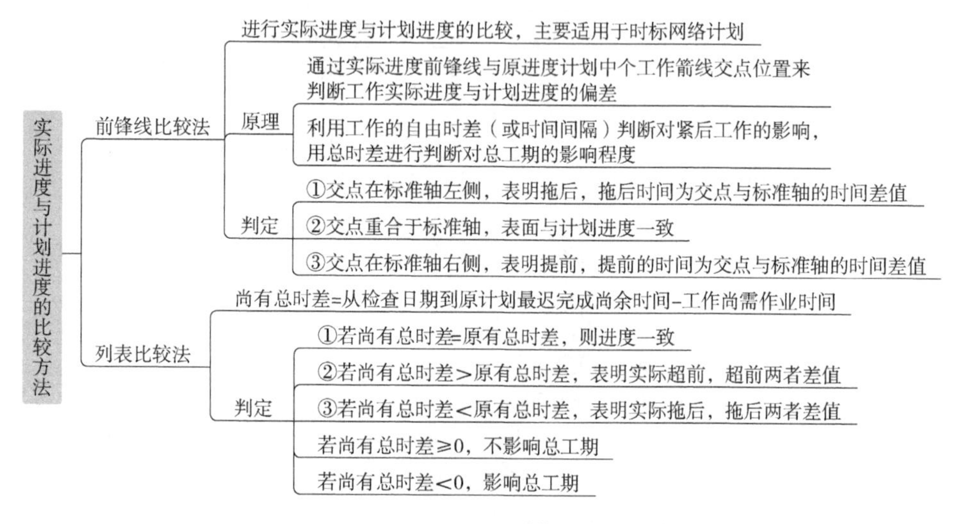

网络计划执行中的控制
- 网络计划的调整
  - 改变某些工作之间的逻辑关系
    - 例如：将顺序进行的工作改为平行作业、搭接作业以及分段组织流水作业
  - 缩短某些工作的持续时间
    - 位于关键线路和超过计划工期的非关键线路上的工作
    - 其持续时间可被压缩的工作

实战训练

某工程网络计划执行到第8周末检查进度情况，见下表，下列说法正确的有（　　）。

工作名称	检查计划时尚需作业周数①	到计划最迟完成时尚余周数②	原有总时差
H	3	2	1
K	1	2	0
M	4	4	2

A. 工作H影响总工期1周　　B. 工作K提前1周

C. 工作K尚有总时差为零　　D. 工作M按计划进行

E. 工作H尚有总时差1周

解析： AB

第六节　工程项目合同管理

核心考点

考点一：工程勘察设计合同管理

一、工程勘察设计合同订立

二、工程勘察设计合同履行

考点二：工程施工合同管理

一、工程施工合同订立

二、工程施工合同履行

考点三：材料设备采购合同管理

一、材料设备采购合同订立

二、材料设备采购合同履行

考点四：工程总承包合同管理

一、工程总承包合同订立

二、工程总承包合同履行

考点一：　工程勘察设计合同管理

一、工程勘察设计合同订立

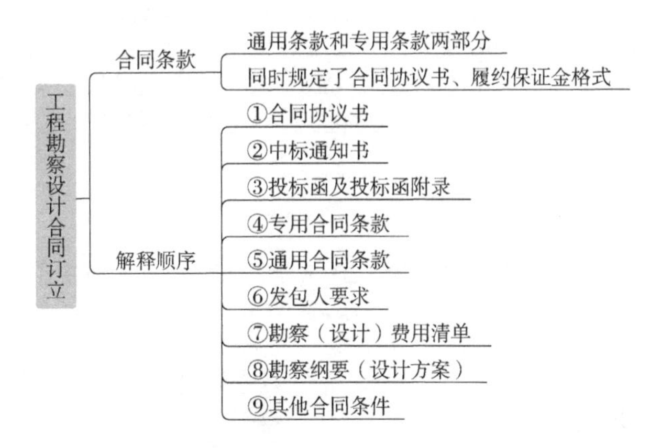

实战训练

除专用合同条款另有约定外，《标准勘察招标文件》中关于合同文件解释先后顺序的排列，下列说法中正确的是（　　）。

A. 专用条款—通用条款—中标通知书—投标函及投标函附录—勘察纲要

B. 中标通知书—专用条款—勘察纲要—通用条款—投标函及投标函附录

C. 中标通知书—投标函及投标函附录—专用条款—通用条款—勘察纲要

D. 专用条款—中标通知书—勘察纲要—投标函及投标函附录—通用条款

答案：C

二、工程勘察设计合同履行

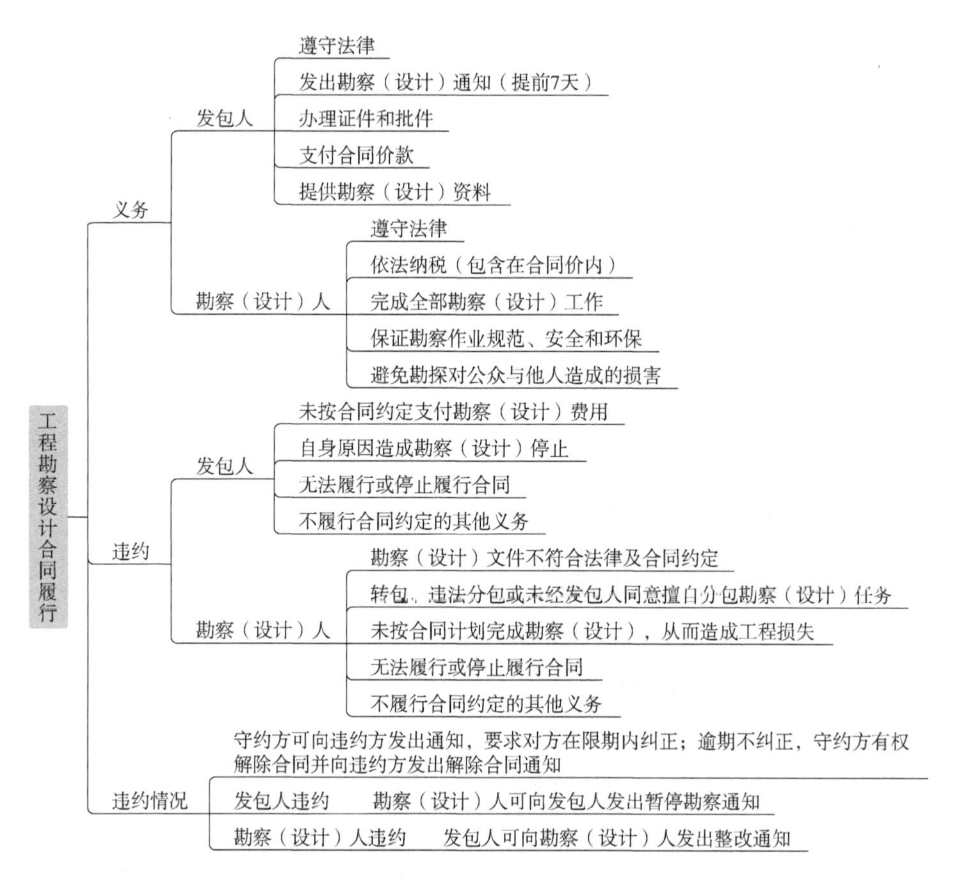

实战训练

1. 根据《标准勘察招标文件》(2017 年版)，发包人应提前（　　）向勘察人发出开始勘察通知。

A. 5 天　　B. 7 天　　C. 15 天　　D. 14 天

答案：B

2. 根据《标准勘察招标文件（2017 年版)》规定，属于设计合同发包人违约的情形是指（　　）。

A. 延迟提供设计任务书　　B. 未按合同约定支付设计费用

C. 无法履行或停止履行合同　　D. 自身原因造成设计停止

E. 未按约定发出开始设计通知

答案：BCD

考点二：工程施工合同管理

一、工程施工合同订立

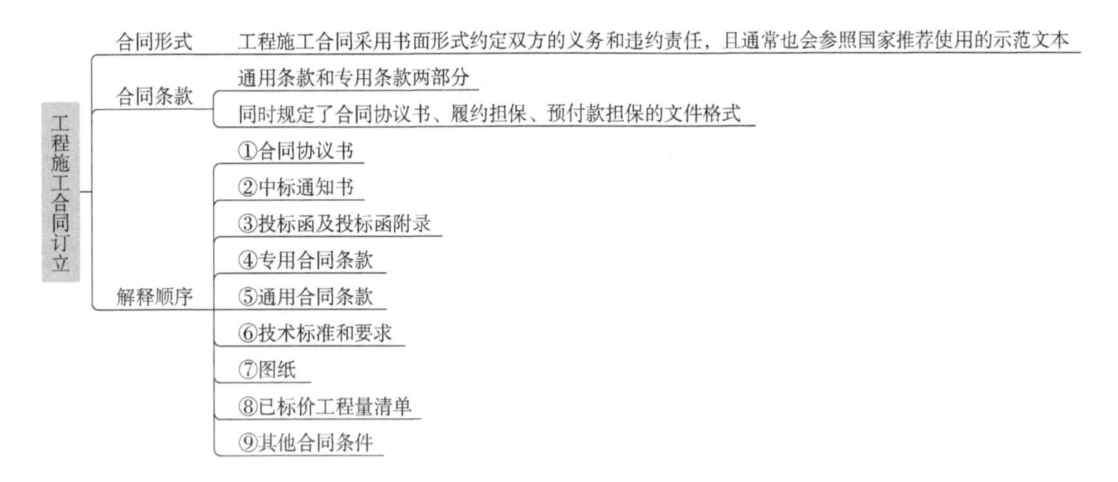

实战训练

1. 根据《标准施工招标文件》，施工合同文件包括下列内容：①已标价工程量清单；②技术标准和要求；③中标通知书。就以上三项内容而言，合同文件的优先解释顺序是（　　）。

A. ①→②→③　　B. ③→②→①

C. ②→①→③　　D. ①→③→②

答案：B

2. 根据《标准施工招标文件》（2007 年版），下列施工合同文件解释效力最高的文件是（　　）。

A. 合同协议书　　B. 中标通知书

C. 技术标准和要求　　D. 专用合同条款

答案：A

二、工程施工合同履行

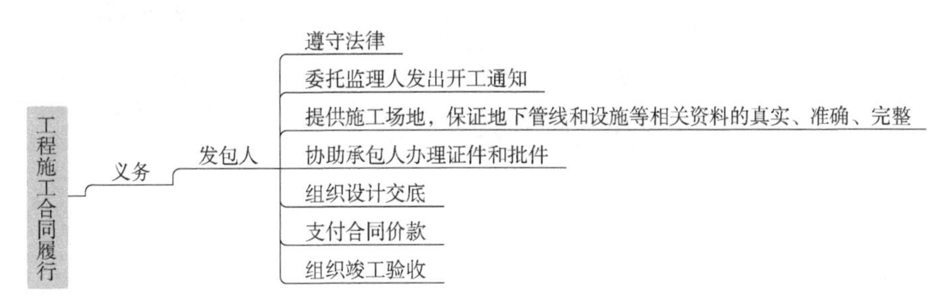

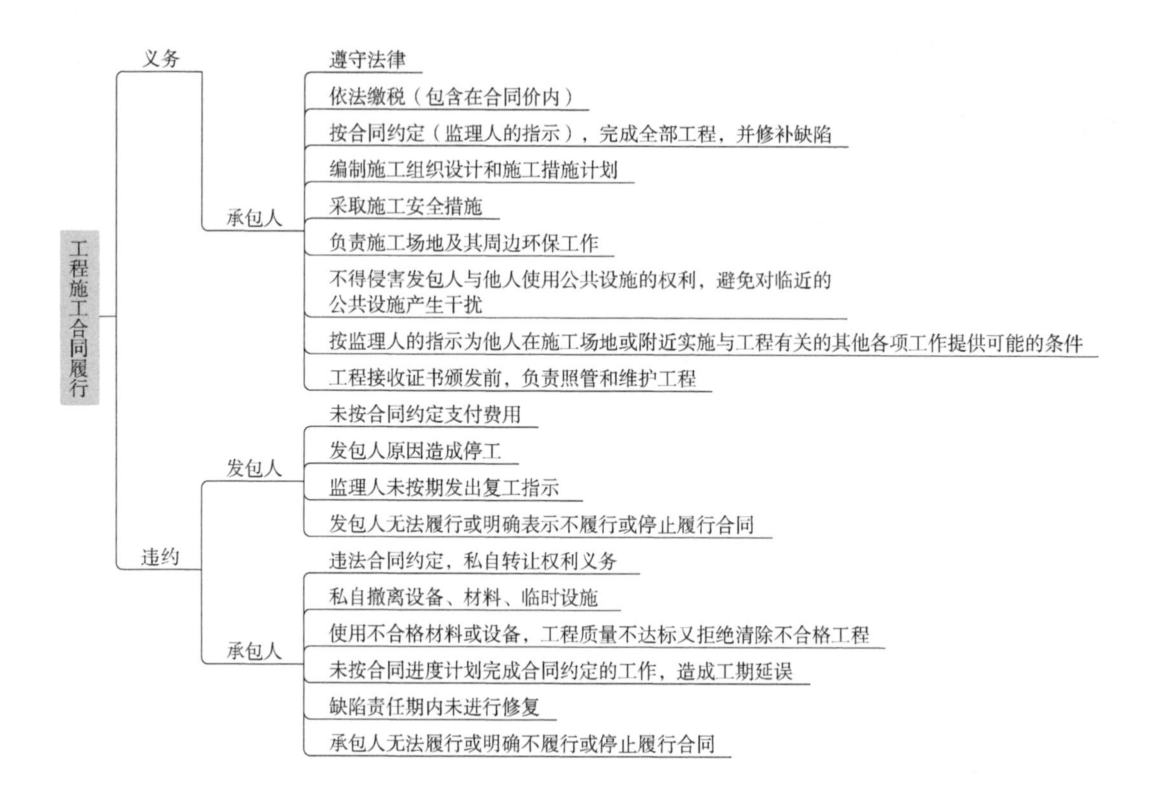

工程施工合同法律解释

- 《最高人民法院关于审理建设工程施工合同纠纷案件适用法律问题的解释（一）》自2021年1月1日起实施
- 开工日期争议解决
  - 开工日期为发包人或者监理人发出的开工通知载明的开工日期，开工通知发出后，尚不具备开工条件的，以开工条件具备的时间为开工日期；因承包人原因导致开工时间推迟的，以开工通知载明的时间为开工日期
  - 承包人经发包人同意已经实际进场施工的，以实际进场施工时间为开工日期
  - 发包人或者监理人未发出开工通知，亦无相关证据证明实际开工日期的，应当综合考虑开工报告、合同、施工许可证、竣工验收报告或者竣工验收备案表等载明的时间，并结合是否具备开工条件的事实，认定开工日期
- 实际竣工日期争议解决
  - 建设工程经竣工验收合格的，以竣工验收合格之日为竣工日期
  - 承包人已经提交竣工验收报告，发包人拖延验收的，以承包人提交验收报告之日为竣工日期
  - 建设工程未经竣工验收，发包人擅自使用的，以转移占有建设工程之日为竣工日期
- 顺延工期争议解决
  - 当事人约定顺延工期应当经发包人或者监理人签证等方式确认，承包人虽未取得工期顺延的确认，但能够证明在合同约定的期限内向发包人或者监理人申请过工期顺延且顺延事由符合合同约定，承包人以此为由主张工期顺延的， 人民法院应予支持
  - 当事人约定承包人未在约定期限内提出工期顺延申请视为工期不顺延的，按照约定处理，但发包人在约定期限后同意工期顺延或者承包人提出合理抗辩的除外
  - 建设工程竣工前，当事人对工程质量发生争议，工程质量经鉴定合格的，鉴定期间为顺延工期期间
- 工程量争议解决
  - 当事人对工程量有争议的，按照施工过程中形成的签证等书面文件确认
  - 承包人能够证明发包人同意其施工，但未能提供签证文件证明工程量发生的，可以按照当事人提供的其他证据确认实际发生的工程量

- 工程施工合同法律解释
  - 工程量争议解决
    - 当事人对工程量有争议的，按照施工过程中形成的签证等书面文件确认
    - 承包人能够证明发包人同意其施工，但未能提供签证文件证明工程量发生的，可以按照当事人提供的其他证据确认实际发生的工程量
  - 工程计价标准及方法争议解决
    - 当事人对建设工程的计价标准或者计价方法有约定的，按照约定结算工程价款
    - 因设计变更导致建设工程的工程量或者质量标准发生变化，当事人对该部分工程价款不能协商一致的，可以参照签订建设工程施工合同时当地建设行政主管部门发布的计价标准或者计价方法结算工程价款
  - 工程价款利息争议解决
    - 当事人对欠付工程价款利息计付标准有约定的，按照约定处理。没有约定的，按照同期同类贷款利率或者同期贷款市场报价利率计息
    - 当事人对垫资和垫资利息有约定，承包人请求按照约定返还垫资及其利息的，人民法院应予支持，但是约定的利息计算标准高于垫资时的同类贷款利率或者同期贷款市场报价利率的部分除外
    - 当事人对垫资没有约定的，按照工程欠款处理。当事人对垫资利息没有约定，承包人请求支付利息的，人民法院不予支持
    - 利息从应付工程价款之日开始计付
    - 应付款时间
      - ①建设工程已实际交付的，为交付之日
      - ②建设工程没有交付的，为提交竣工结算文件之日
      - ③建设工程未交付，工程价款也未结算的，为当事人起诉之日
  - 工程价款结算争议解决
    - 当事人签订的建设工程施工合同与招标文件、投标文件、中标通知书载明的工程范围、建设工期、工程质量、工程价款不一致，一方当事人请求将招标文件、投标文件、中标通知书作为结算工程价款的依据的，人民法院应予支持
    - 当事人约定，发包人收到竣工结算文件后，在约定期限内不予答复，视为认可竣工结算文件的，按照约定处理。承包人请求按照竣工结算文件结算工程价款的，人民法院应予支持
    - 当事人约定按照固定价结算工程价款，一方当事人请求对建设工程造价进行鉴定的，人民法院不予支持

- 工程施工合同法律解释
  - 无效合同的价款结算争议解决
    - 当事人就同一建设工程订立的数份建设工程施工合同均无效，但建设工程质量合格，一方当事人请求参照实际履行的合同关于工程价款的约定折价补偿承包人的，人民法院应予支持
    - 实际履行的合同难以确定，当事人请求参照最后签订的合同关于工程价款的约定折价补偿承包人的，人民法院应予支持
  - 咨询意见效力
    - 当事人在诉讼前共同委托有关机构、人员对建设工程造价出具咨询意见，诉讼中一方当事人不认可该咨询意见申请鉴定的，人民法院应予准许
  - 已达成协议后请求鉴定的处理
    - 当事人在诉讼前已经对建设工程价款结算达成协议，诉讼中一方当事人申请对工程造价进行鉴定的，人民法院不予准许
  - 施工合同争议鉴定
    - 当事人对工程造价、质量、修复费用等专门性问题有争议，人民法院认为需要鉴定的，应当向负有举证责任的当事人释明
    - 当事人经释明未申请鉴定，虽申请鉴定但未支付鉴定费用或者拒不提供相关材料的，应当承担举证不能的法律后果

实战训练

建设工程未经竣工验收，发包人擅自使用的，该工程竣工日期应为（　　）。

A. 提交验收报告之日　　B. 建设工程完工之日

C. 转移占有建设工程之日　　D. 竣工验收合格之日

答案：C

考点三：材料设备采购合同管理

一、材料设备采购合同订立

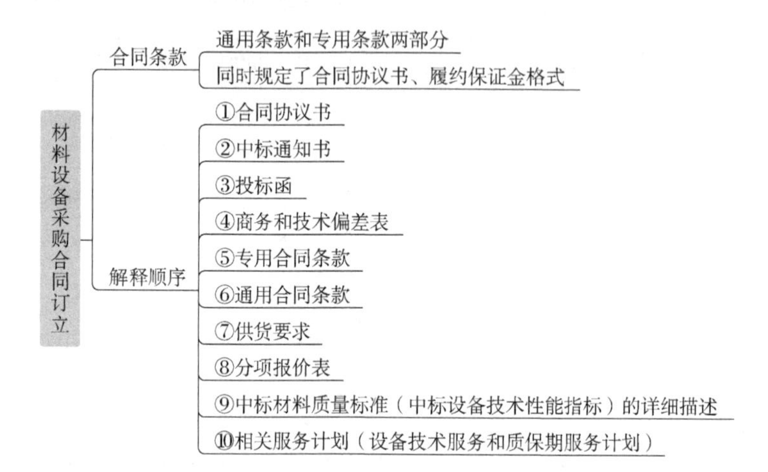

二、材料设备采购合同履行

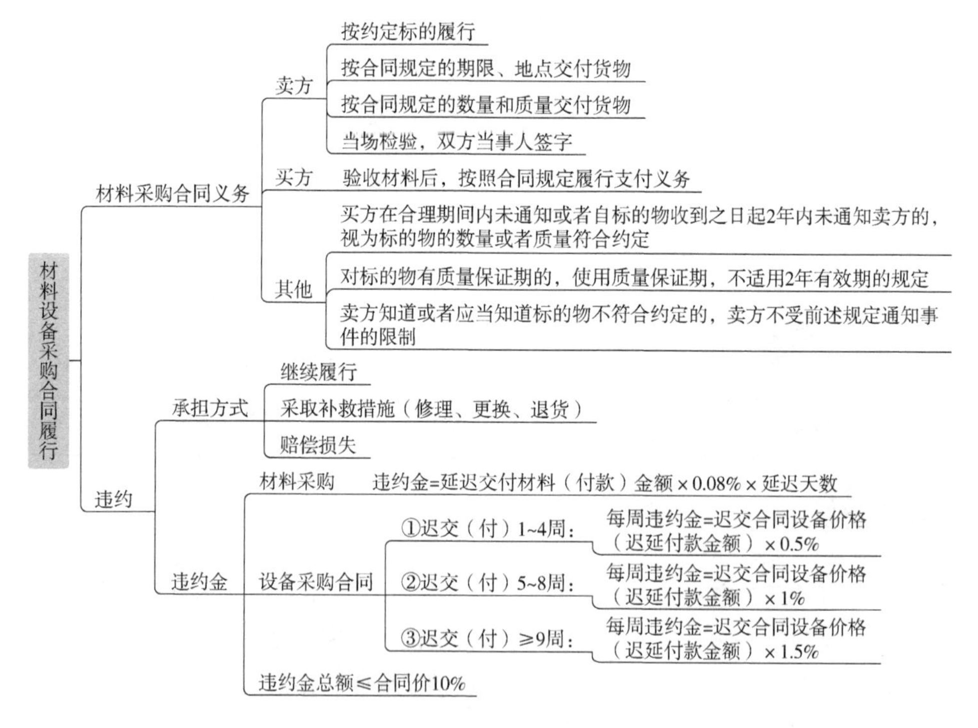

实战训练

1. 根据《标准材料采购招标文件》(2017 年版)，卖方未能按时交付合同材料的，应向买方支付迟延交货违约金，迟延交付违约金的最高限额为合同价格的（　　）。

A. 3%　　B. 10%　　C. 0.08%　　D. 5%

答案：B

2. 建设单位与某供应商签订350万元的采购合同，供应商迟延35天交付，建设单位迟延支付合同价款185天。根据《标准材料采购招标文件》通用合同条款，建设单位应向供应商实际支付违约金的总额是（　　）万元。

A. 25.20　　B. 35.00　　C. 42.00　　D. 51.80

答案：B

考点四：工程总承包合同管理

一、工程总承包合同订立

工程总承包合同订立
- 合同形式
  - 工程总承包合同采用书面形式约定双方的义务和违约责任，且通常也会参照国家推荐使用的示范文本
- 合同条款
  - 通用条款和专用条款两部分
  - 同时规定了合同协议书、履约担保、预付款担保的文件格式
- 解释顺序
  - ①合同协议书
  - ②中标通知书
  - ③投标函及投标函附录
  - ④专用合同条款
  - ⑤通用合同条款
  - ⑥发包人要求
  - ⑦价格清单
  - ⑧承包人建议
  - ⑨其他合同条件

二、工程总承包合同履行

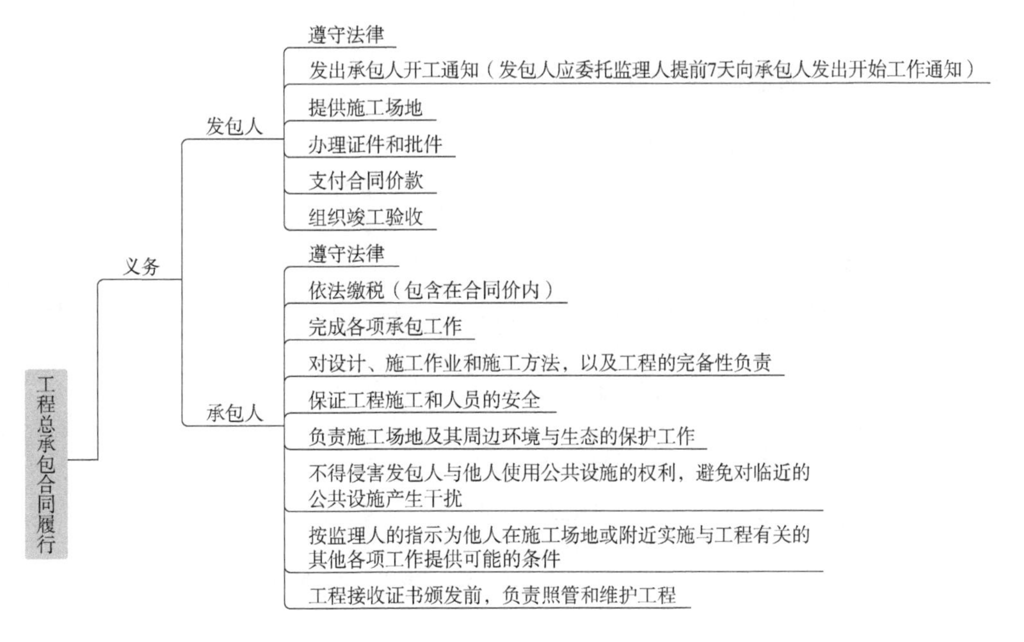

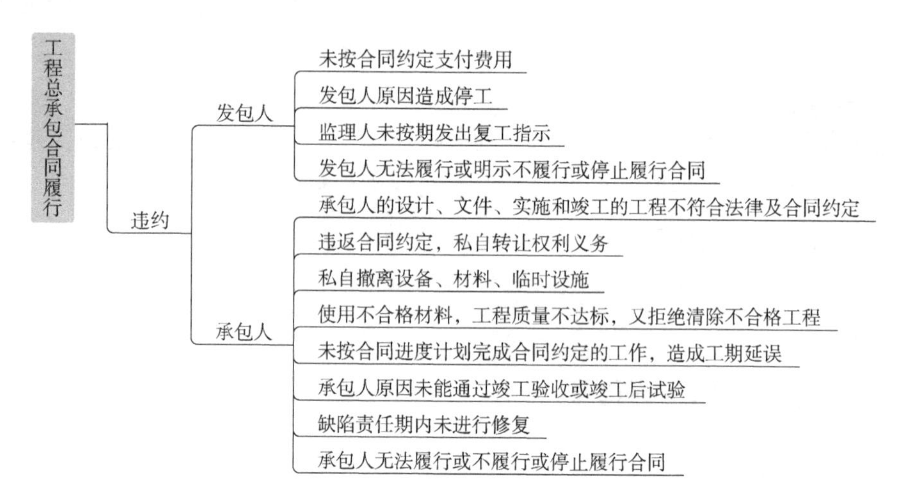

实战训练

根据《标准设计施工总承包招标文件》（2012年版），下列合同文件解释效力最高的是（　　）。

A. 投标函及投标函附录　　B. 专用合同条款

C. 通用合同条款　　D. 发包人要求

答案：A

第七节　工程项目信息管理

核心考点

考点一：工程项目信息管理实施模式及策略

考点二：基于互联网的工程信息平台

考点一：工程项目信息管理实施模式及策略

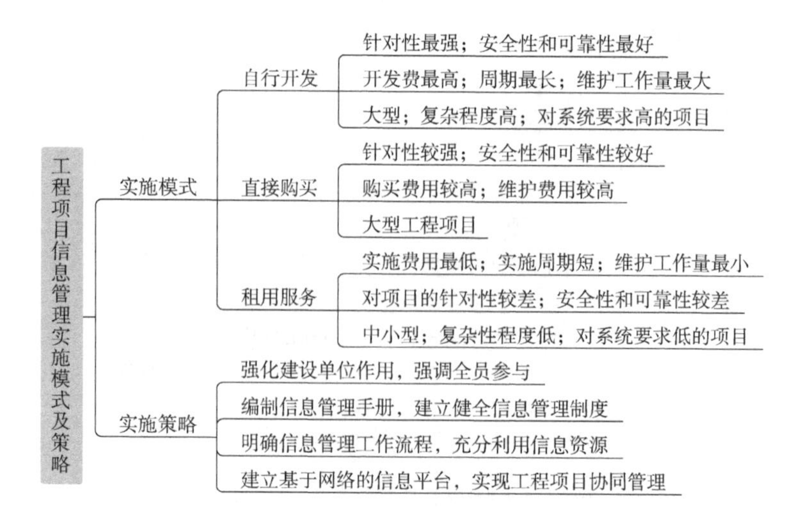

实战训练

1. 工程项目管理信息系统得以正常运行的基础是（　　）。

A. 结构化数据　　　　B. 非结构化数据

C. 信息管理制度　　　D. 计算机网络环境

答案： C

2. 工程项目信息管理实施模式中自行开发的优点和缺点分别是（　　）。

A. 维护工作量最小和安全性和可靠性较差

B. 对项目的针对性最强和维护费用较高

C. 安全性和可靠性较好和维护费用较高

D. 对项目的针对性最强和维护工作量较大

答案： D

考点二：基于互联网的工程信息平台

- 基于互联网的工程项目信息平台
  - 特点
    - 以Extranet作为信息交换工作平台，其基本形式是项目主题网，它具有较高的安全性
    - 基于互联网的工程项目信息平台的主要功能是项目信息的共享和传递，而不是对项目信息进行加工、处理
    - 基于互联网的工程项目信息平台不是一个简单文档系统，通过信息的集中管理和门户设置，为工程参建各方提供一个开放、协调、个性化的信息沟通环境
  - 实施关键
    - 基于互联网技术标准的信息集成平台
  - 功能
    - 基本功能
      - 变更与桌面管理
      - 日历和任务管理
      - 文档管理
      - 项目沟通与讨论
      - 工作流管理
      - 网站管理与报告
      - 拓展功能
    - 拓展功能
      - 多媒体信息交互；在线项目管理；集成电子商务等功能
      - 例如：视频会议、进度计划和投资计划的网上发布、电子采购、电子招标

实战训练

1. 以 Extranet 作为信息交换工作平台，其基本形式是（　　）。

A. 客户端的浏览器　　　B. 对信息进行加工、处理

C. 项目主题网　　　　　D. 一个文档系统

答案： C

2. 基于互联网的工程项目信息平台基本功能和拓展功能分别是（　　）。

A. 日历和任务管理和日历和任务管理

B. 日历和任务管理和多媒体的信息交互

C. 多媒体的信息交互和项目通信与协同工作

D. 项目通信与协同工作和项目通信与协同工作

答案： B

第四章

工 程 经 济

近三年考题分值分布

考试年份	2019 年			2020 年			2021 年		
章节	单选题	多选题	分值	单选题	多选题	分值	单选题	多选题	分值
第四章　工程经济	12	3	18	12	4	20	11	3	17
第一节　资金的时间价值及其计算	2	1	4	3	1	5	3	1	5
第二节　投资方案经济效果评价	5	1	7	4	2	8	5	1	7
第三节　价值工程	4	1	6	4	1	6	2	1	4
第四节　工程寿命周期成本分析	1	0	1	1	0	1	1	0	1

第一节　资金的时间价值及其计算

核心考点

考点一：现金流量和资金的时间价值

一、现金流量

二、资金的时间价值

考点二：利息计算方法

考点三：等值计算

一、影响资金等值的原因

二、等值计算方法

三、名义利率和有效利率

考点一：现金流量和资金的时间价值

一、现金流量

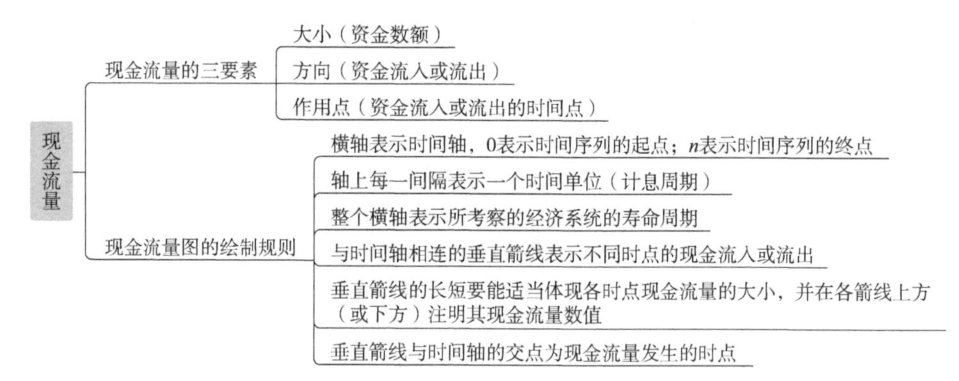

实战训练

1. 某建设单位从银行获得一笔建设贷款，建设单位和银行分别绘制现金流量图时，该笔货款表示为（　　）。

A. 建设单位现金流量图时间轴的上方箭线，银行现金流量图时间轴的上方箭线

B. 建设单位现金流量图时间轴的下方箭线，银行现金流量图时间轴的下方箭线

C. 建设单位现金流量图时间轴的上方箭线，银行现金流量图时间轴的下方箭线

D. 建设单位现金流量图时间轴的下方箭线，银行现金流量图时间轴的上方箭线

答案：C

2. 现金流量图可以形象、直观地表示经济系统资金运动状态，其组成要素有（　　）。

A. 大小（资金数额）

B. 方向（资金流入或流出）

C. 来源（资金供应者）

D. 作用点（资金流入或流出的时间点）

E. 时间价值（资金的利息和利率）

答案：ABD

二、资金的时间价值

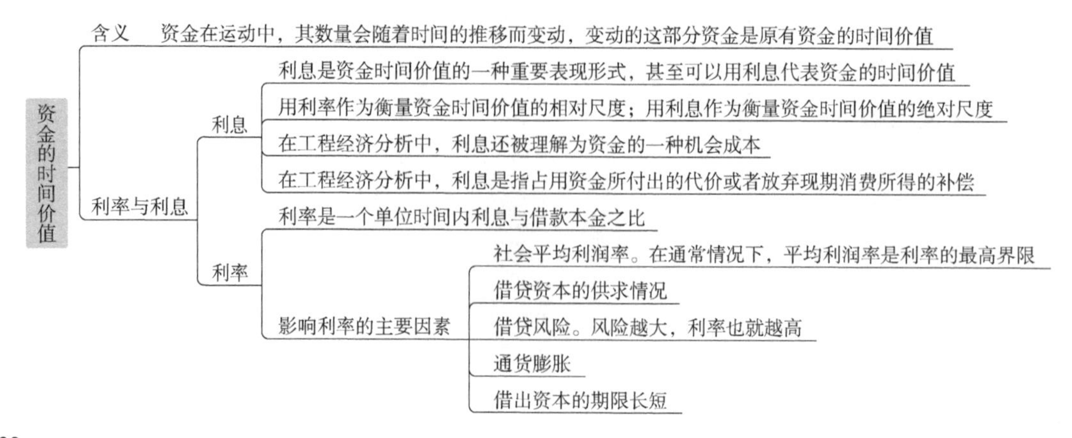

实战训练

1. 在工程经济分析中，利息是指投资者（ ）。

A. 因通货膨胀而付出的代价　　B. 使用资金所得的预期

C. 借贷资金所承担的风险　　D. 放弃近期消费所得的补偿

答案：D

2. 利率是各国调整国民经济的杠杆之一，其高低首先取决于（ ）。

A. 金融市场借贷资本的供求情况　　B. 借贷资本的期限

C. 通货膨胀的波动影响　　D. 社会平均利润率的高低

答案：D

考点二： 利息计算方法

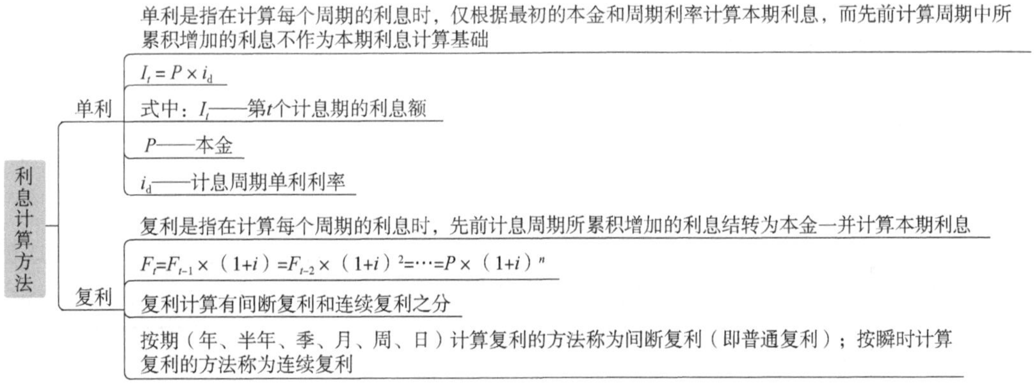

利息计算方法

- 单利
  - 单利是指在计算每个周期的利息时，仅根据最初的本金和周期利率计算本期利息，而先前计算周期中所累积增加的利息不作为本期利息计算基础
  - $I_t = P \times i_d$
  - 式中：I_t——第t个计息期的利息额
  - P——本金
  - i_d——计息周期单利利率
- 复利
  - 复利是指在计算每个周期的利息时，先前计息周期所累积增加的利息结转为本金一并计算本期利息
  - $F_t=F_{t-1}\times(1+i)=F_{t-2}\times(1+i)^2=\cdots=P\times(1+i)^n$
  - 复利计算有间断复利和连续复利之分
  - 按期（年、半年、季、月、周、日）计算复利的方法称为间断复利（即普通复利）；按瞬时计算复利的方法称为连续复利

实战训练

1. 借款10000万，期限四年，年利率为6%，采用复利计息，年末结息。第四年年末需要支付（ ）万元。

A. 1030　　B. 1060　　C. 1240　　D. 1262

答案：D

2. 某企业借款1000万元，期限为2年，年利率为8%，按年复利计息，到期一次性还本付息，第二年应计入利息为（ ）万元

A. 40.00　　B. 80.00　　C. 83.20　　D. 86.40

答案：D

考点三：等值计算

一、影响资金等值的原因

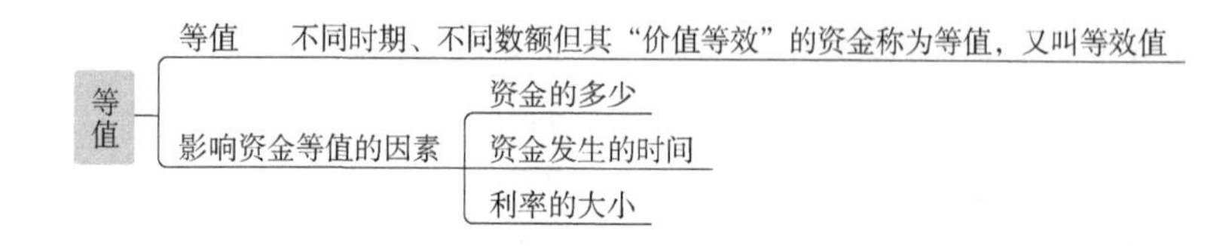

二、等值计算方法

公式名称		已知	求解	公式	系数	现金流量图
一次支付	终值公式	现值 P	终值 F	$F=P(1+i)^n$	$(F/P, i, n)$	一次支付现金流量图
	现值公式	终值 F	现值 P	$P=F(1+i)^{-n}$	$(P/F, i, n)$	
等额支付	终值公式	年金 A	终值 F	$F=A\frac{(1+i)^n-1}{i}$	$(F/A, i, n)$	年金与终值关系
	偿债基金	终值 F	年金 A	$A=F\frac{i}{(1+i)^n-1}$	$(A/F, i, n)$	
	现值公式	年金 A	现值 P	$P=A\frac{(1+i)^n-1}{i(1+i)^n}$	$(P/A, i, n)$	年金与现值关系
	资金回收	现值 P	年金 A	$A=P\frac{i(1+i)^n}{(1+i)^n-1}$	$(A/P, i, n)$	
六大公式联想记忆：					$P(1+i)^n=F=A\frac{(1+i)^n-1}{i}$	

实战训练

1. 某项目建设期 2 年，建设期内每年年初分别贷款 600 万元和 900 万元，年利率为 10%，若在运营期前五年内每年年末等额偿还贷款本利，则每年应偿还（　　）万元。

A. 343.20　　B. 395.70　　C. 411.52　　D. 452.68

答案：D

2. 某项目建设期 5 年，建设期内每年年初贷款 300 万元，年利率为 10%，若在运营期第 3 年底和第 6 年底偿还 500 万元，则运营期第 9 年年底全部还清贷款本利时，尚需偿还（　　）万元。

A. 2059.99　　B. 3199.24　　C. 3318.65　　D. 3325.70

答案： B

3. 某项目建设期 2 年，建设期内每年年初贷款 1000 万元，年利率为 8%，若在运营期前 5 年每年年末偿还贷款本息，到第 5 年年末全部还清。则每年年末偿还贷款本息（　　）万元。

A. 482.36　　B. 520.95　　C. 562.63　　D. 678.23

答案： C

三、名义利率和有效利率

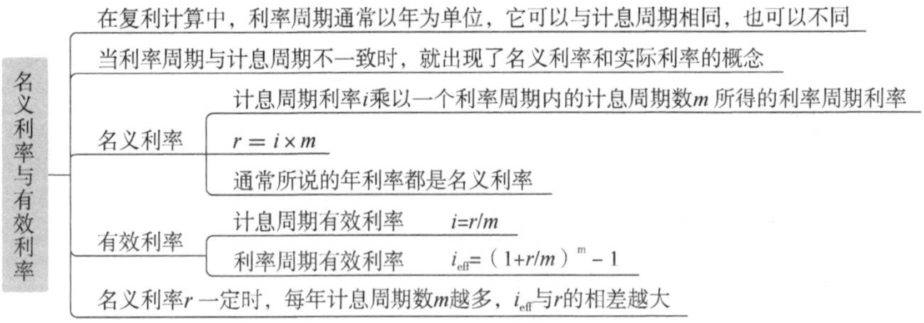

名义利率与有效利率

- 在复利计算中，利率周期通常以年为单位，它可以与计息周期相同，也可以不同
- 当利率周期与计息周期不一致时，就出现了名义利率和实际利率的概念
- 名义利率
  - 计息周期利率 i 乘以一个利率周期内的计息周期数 m 所得的利率周期利率
  - $r=i\times m$
  - 通常所说的年利率都是名义利率
- 有效利率
  - 计息周期有效利率　$i=r/m$
  - 利率周期有效利率　$i_{eff}=(1+r/m)^{m}-1$
- 名义利率 r 一定时，每年计息周期数 m 越多，i_{eff} 与 r 的相差越大

实战训练

1. 下列关于名义利率和有效利率的说法中，正确的有（　　）。

A. 名义利率是计息周期利率与一个利率周期内计息周期数的乘积

B. 有效利率包括计息周期有效利率和利率周期有效利率

C. 当计息周期与利率周期相同时，名义利率等于有效利率

D. 当计息周期小于利率周期时，名义利率大于有效利率

E. 当名义利率一定时，有效利率随计息周期变化而变化

答案： ABCE

2. 某企业向银行贷款，按月计息，月利率为 1.2%，则年名义利率与年实际利率分别为（　　）。

A. 13.53% 和 14.40%　　B. 13.53% 和 15.39%

C. 14.40% 和 15.39%　　D. 14.40% 和 15.62%

答案： C

3. 某企业在年初向银行贷款一笔资金，月利率为 1%，则在 6 月底偿还时，按单利和复利计息应分别是本金的（　　）。

A. 5% 和 5.10%　　B. 6% 和 5.10%

C. 5% 和 6.15%　　D. 6% 和 6.15%

答案： D

4. 年名义利率一定时，每年的计息期数越多，则年有效利率（　　）。

A. 与名义利率的差值越大　　B. 与年名义利率差值越小

C. 与计息周期利率差值越小　　D. 与计息周期率的差趋于常数

答案： A

第二节　投资方案经济效果评价

核心考点

考点一：经济效果评价的内容及指标体系

一、经济效果评价内容

二、经济效果评价的基本方法

三、经济效果评价指标体系

考点二：经济效果评价方法

考点三：不确定性分析与风险分析

一、盈亏平衡分析

二、敏感性分析

三、风险分析

考点一：　经济效果评价的内容及指标体系

一、经济效果评价内容

经济效果评价的内容
- 盈利能力分析：分析和测算项目计算期的盈利能力和盈利水平
- 偿债能力分析：分析和测算项目投资方案偿还借款的能力
- 财务生存能力分析：分析和测算投资方案各期的现金流量，判断投资方案能否持续运行，是非经营性项目分析的主要内容
- 抗风险能力分析：
  - 抗风险能力分析主要分析建设期和运营期可能遇到的不确定因素和随机因素对项目经济效果的影响程度
  - 考查项目承受各种投资风险的能力

实战训练

投资方案财务生存能力分析，是指分析和测算投资方案的（　　）。

A. 各期营业收入，判断营业收入能否偿还成本费用

B. 市场竞争能力，判断项目能否持续发展

C. 各期现金流量，判断投资方案能否持续运行

D. 预期利润水平，判断能否吸引项目投资者

答案：C

二、经济效果评价的基本方法

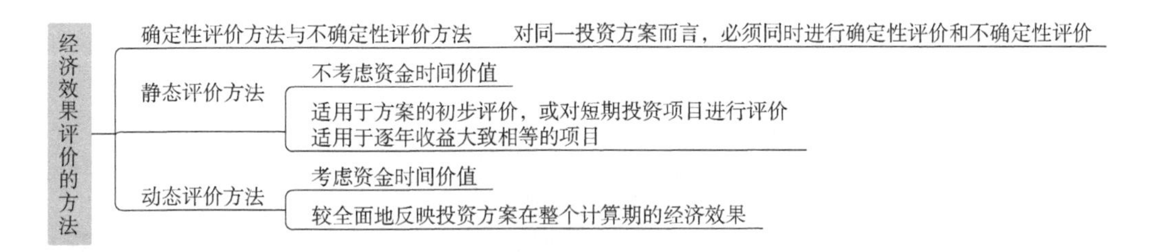

实战训练

在评价投资方案经济效果时，与静态评价方法相比，动态评价方法的最大特点是（　　）。

A. 考虑了资金的时间价值

B. 适用于投资方案的粗略评价

C. 适用于逐年收益不同的投资方案

D. 反映了短期投资效果

答案：A

三、经济效果评价指标体系

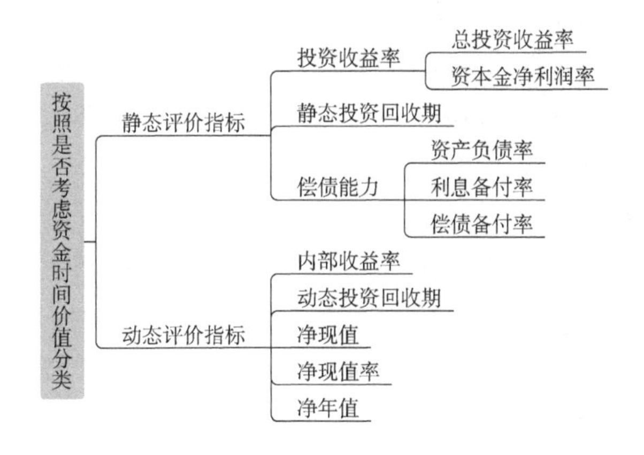

实战训练

1. 在下列投资方案经济效果评价指标中，属于投资方案盈利能力动态指标的是（　　）。

A. 内部收益率和投资收益率　　B. 净现值率和利息备付率

C. 净现值率和内部收益率　　D. 净现值和总投资利润率

答案：C

2. 在下列投资方案经济效果评价指标中，属于静态比率指标的是（　　）。

A. 利息备付率和净现值率　　B. 总投资利润率和净年值率

C. 内部收益率和自有资金利润率　　D. 投资收益率和偿债备付率

答案：D

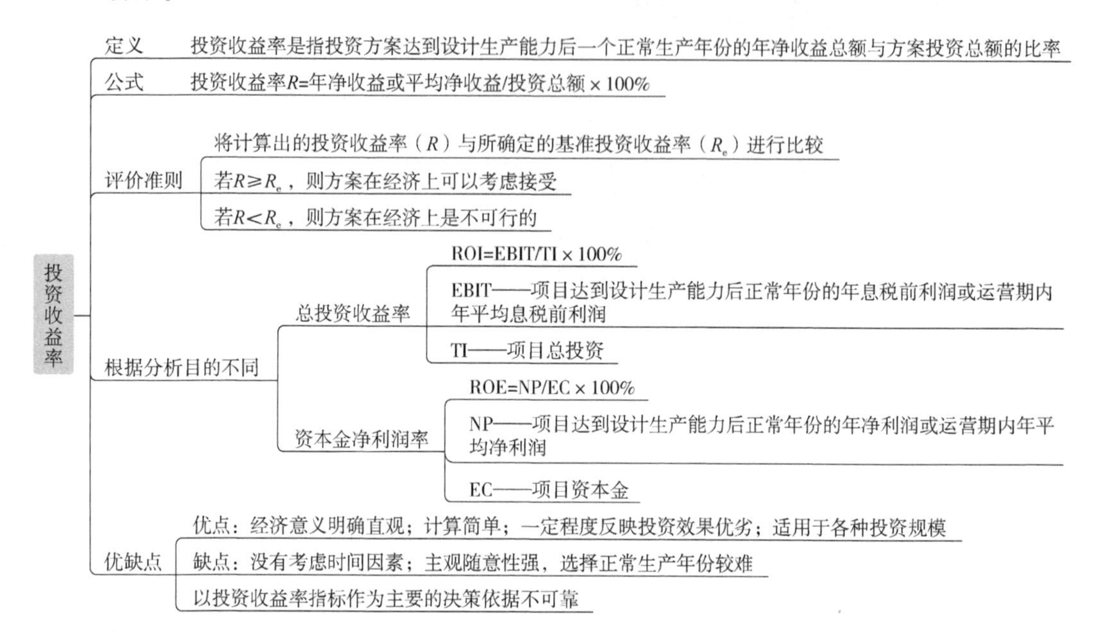

实战训练

1. 总投资收益率指标中的收益是指项目建成后（　　）。

A. 正常生产年份的年税前利润或运营期年平均税前利润

B. 正常生产年份的年税后利润或运营期年平均税后利润

C. 正常生产年份的年息税前利润或运营期年平均息税前利润

D. 投产期和达产期的盈利总和

答案：C

2. 某项目建设期2年，运营期8年。建设投资（不含建设期利息）为7000万元。其中，第一年自有资金投入4000万元，第二年年初贷款投入3000万元，贷款年利率为8%。流动资金800万元，全部为自有资金。运营期年平均息税前利润为1300万元。则该项目总投资收益率为（　　）。

A. 16.17%　　B. 16.41%　　C. 16.67%　　D. 18.57%

答案：A

3. 采用投资收益率指标评价投资方案经济效果的缺点是（　　）。

A. 考虑了投资收益的时间因素，因而使指标计算较复杂

B. 虽在一定程度上反映了投资效果的优劣，但仅适用于投资规模大的复杂工程

C. 只能考虑正常生产年份的投资收益，不能全面考虑整个计算期的投资收益

D. 正常生产年份的选择比较困难，因而使指标计算的主观随意性较大

答案：D

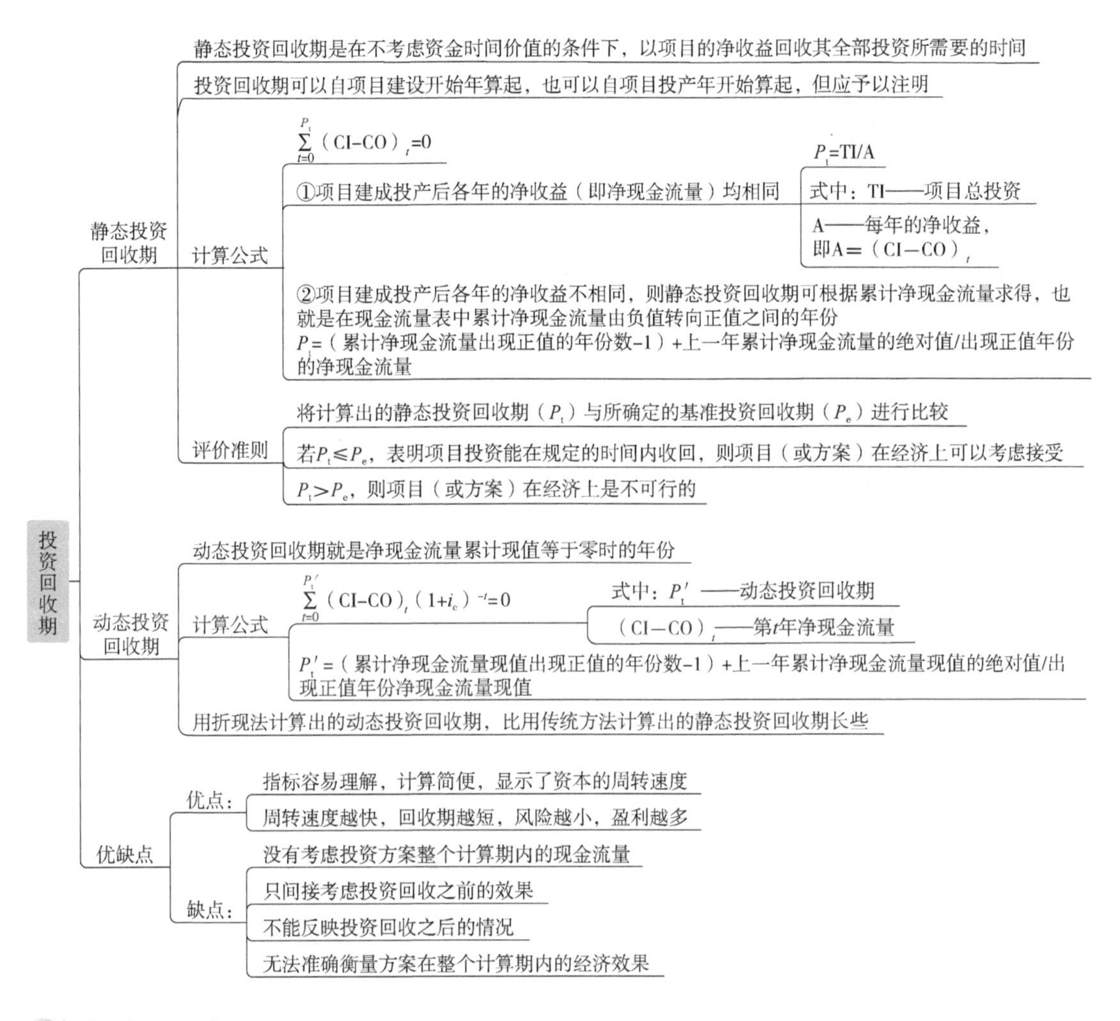

实战训练

1. 某投资方案计算期现金流量表见下表，该投资方案的静态投资回收期为（　　）年。

A. 2. 143　　B. 3. 125

C. 3. 143　　D. 4. 125

年份	0	1	2	3	4	5
净现金流量表/万元	-1000	-500	600	800	800	800

答案：B

2. 采用投资回收期指标评价投资方案的经济效果时，其优点能够（　　）。

A. 全面考虑整个计算期内的现金流量

B. 作为投资方案选择的可靠性依据

C. 在一定程度上反映资金的周转速度

D. 准确衡量整个计算期内的经济效果

答案：C

3. 利用投资回收期指标评价投资方经济效果的不足是（　　）。

A. 不能全面反映资本的周转速度

B. 不能全面考虑投资方案整个计算期内的现金流量

C. 不能反映投资回收之前的经济效果

D. 不能反映回收全部投资所需要的时间

答案：B

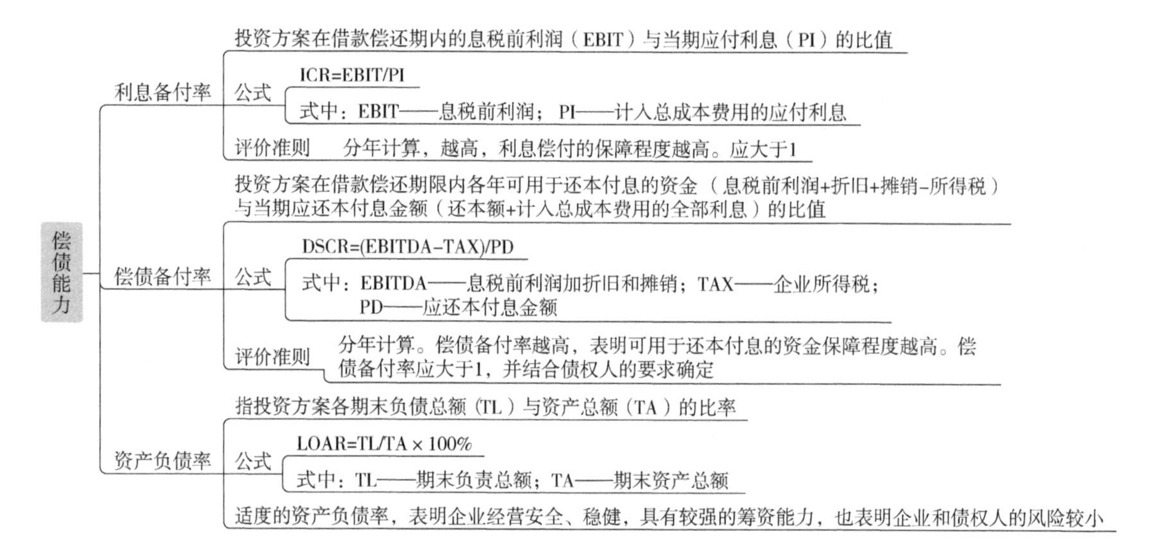

实战训练

1. 偿债备付率是指建设项目在借款偿还期内（　　）的比值。

A. 可用于支付利息的息税前利润与当期应还本付息金额

B. 可用于支付利息的息税前利润与当期应付利息费用

C. 可用于还本付息的资金与当期应付利息费用

D. 可用于还本付息的资金与当期应还本付息金额

答案：D

2. 投资方案经济效果评价指标中，利息备付率是指投资方案在借款偿还期内的（　　）的比值。

A. 息税前利润与当期应付利息金额

B. 息税前利润与当期应还本付息金额

C. 税前利润与当期应付利息金额

D. 税前利润与当期应还本付息金额

答案：A

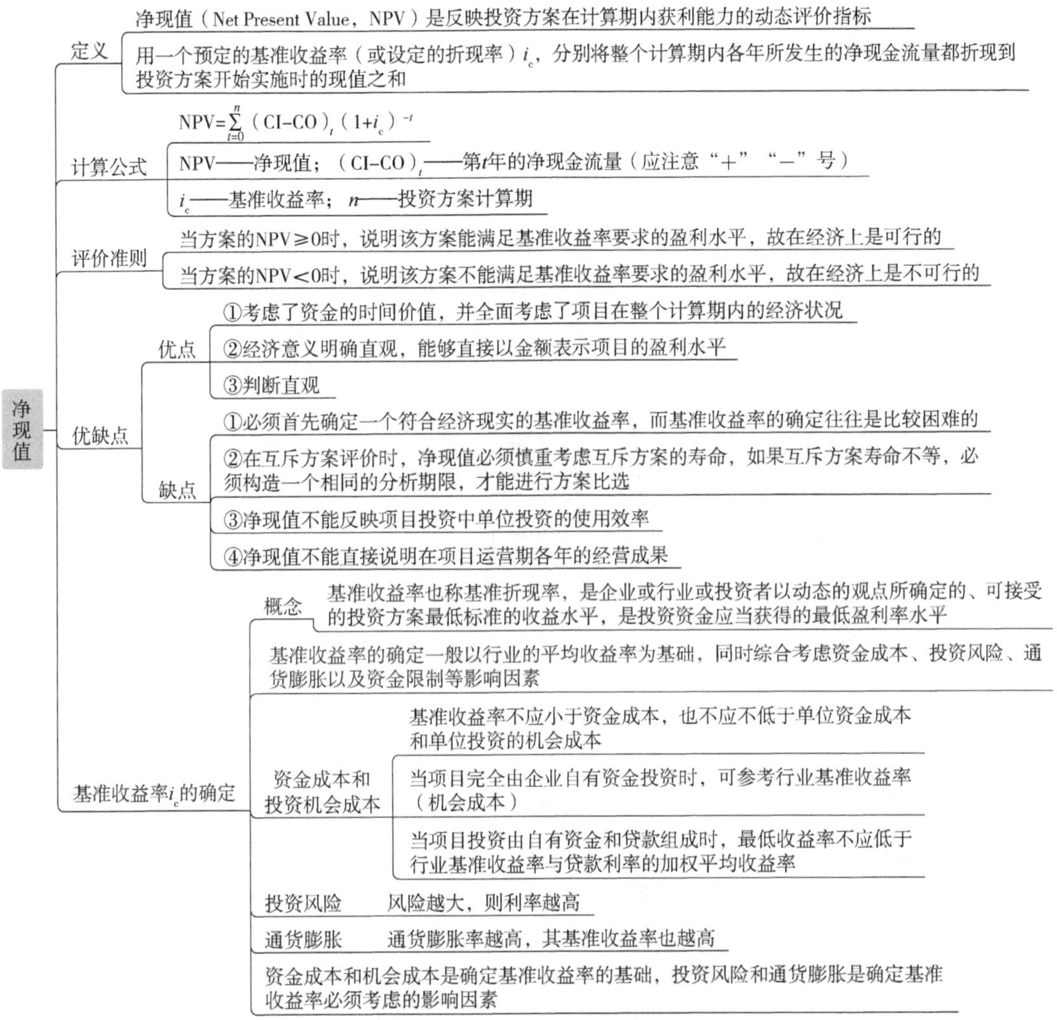

- 净现值
  - 定义
    - 净现值（Net Present Value，NPV）是反映投资方案在计算期内获利能力的动态评价指标
    - 用一个预定的基准收益率（或设定的折现率）i_c，分别将整个计算期内各年所发生的净现金流量都折现到投资方案开始实施时的现值之和
  - 计算公式
    - $NPV=\sum_{t=0}^{n}(CI-CO)_t(1+i_c)^{-t}$
    - NPV——净现值；$(CI-CO)_t$——第t年的净现金流量（应注意“+”“-”号）
    - i_c——基准收益率；n——投资方案计算期
  - 评价准则
    - 当方案的NPV≥0时，说明该方案能满足基准收益率要求的盈利水平，故在经济上是可行的
    - 当方案的NPV<0时，说明该方案不能满足基准收益率要求的盈利水平，故在经济上是不可行的
  - 优缺点
    - 优点
      - ①考虑了资金的时间价值，并全面考虑了项目在整个计算期内的经济状况
      - ②经济意义明确直观，能够直接以金额表示项目的盈利水平
      - ③判断直观
    - 缺点
      - ①必须首先确定一个符合经济现实的基准收益率，而基准收益率的确定往往是比较困难的
      - ②在互斥方案评价时，净现值必须慎重考虑互斥方案的寿命，如果互斥方案寿命不等，必须构造一个相同的分析期限，才能进行方案比选
      - ③净现值不能反映项目投资中单位投资的使用效率
      - ④净现值不能直接说明在项目运营期各年的经营成果
  - 基准收益率i_c的确定
    - 概念：基准收益率也称基准折现率，是企业或行业或投资者以动态的观点所确定的、可接受的投资方案最低标准的收益水平，是投资资金应当获得的最低盈利率水平
    - 基准收益率的确定一般以行业的平均收益率为基础，同时综合考虑资金成本、投资风险、通货膨胀以及资金限制等影响因素
    - 资金成本和投资机会成本
      - 基准收益率不应小于资金成本，也不应不低于单位资金成本和单位投资的机会成本
      - 当项目完全由企业自有资金投资时，可参考行业基准收益率（机会成本）
      - 当项目投资由自有资金和贷款组成时，最低收益率不应低于行业基准收益率与贷款利率的加权平均收益率
    - 投资风险：风险越大，则利率越高
    - 通货膨胀：通货膨胀率越高，其基准收益率也越高
    - 资金成本和机会成本是确定基准收益率的基础，投资风险和通货膨胀是确定基准收益率必须考虑的影响因素

实战训练

1. 采用净现值指标评价投资方法经济效果的优点是（　　）。

   A. 能够全面反映投资方案中单位投资的使用效果

   B. 能够全面反映投资方案在整个计算期内的经济状况

   C. 能够直接反映投资方案运营期各年的经营成果

   D. 能够直接反映投资方案中的资本调整速度

   答案：B

2. 投资方案经济评价中的基准收益率是指投资资金应当获得的（　　）盈利率水平。

   A. 最低　　B. 最高　　C. 平均　　D. 组合

   答案：A

3. 某企业投资项目，总投资为3000万元，其中借贷资金占40%，借贷资金成本为

12%，企业自有资金机会成本为15%，在不考虑其他影响因素的前提下，基准收益率至少应达到（　　）。

A. 12%　　B. 13.5%　　C. 13.8%　　D. 15%

答案：C

4. 下列影响因素中，属于确定基准收益率基础因素的有（　　）。

A. 资金成本　　B. 投资风险

C. 周转速度　　D. 机会成本

E. 通货膨胀

答案：AD

- 净年值
  - 定义
    - 是以一定的基准收益率将项目计算期内净现金流量等值换算而成的等额年值
    - 同一现金流量的现值和等额年值是等价的（或等效的），因此，净现值法与净年值法在方案评价中能得出相同的结论
    - 在各方案的计算期不相同时，应用净年值比净现值更为方便
  - 计算公式　$NAV=NPV(A/P, i_c, n)$
  - 评价准则
    - NAV≥0时，则投资方案在经济上可以接受
    - NAV<0时，则投资方案在经济上应予拒绝

- 内部收益率
  - 定义
    - 使投资方案在计算期内各年净现金流量的现值累计等于零时的折现率
    - 项目的内部收益率是项目到计算期末正好将未收回的资金全部收回来的折现率，是项目对贷款利率的最大承担能力
    - 内部收益率的经济涵义是使未回收投资余额及其利息恰好在项目计算期末完全收回的一种利率（投资方案占用的尚未回收资金的获利能力），也是项目为其所占有资金（不含逐年已回收可作它用的资金）所提供的盈利率
  - 公式　$NPV(IRR)=\sum_{t=0}^{n}(CI-CO)_t(1+IRR)^{-t}=0$
  - 评价准则
    - 当$IRR\geq i_c$，则投资方案在经济上可以接受
    - 当$IRR<i_c$，则投资方案在经济上应予拒绝
  - 优缺点
    - 优点
      - ①考虑了资金的时间价值以及项目在整个计算期内的经济状况
      - ②能够直接衡量项目未回收投资的收益率
      - ③不需要事先确定基准收益率，而只需知道基准收益率大致范围
    - 不足
      - ①内部收益率的计算需要大量的与投资项目有关的数据，计算比较麻烦
      - ②对于具有非常规现金流量项目内部收益率往往不唯一在某些情况下甚至不存在
  - IRR与NPV的比较
    - 两者都可对独立方案进行评价，且结论一致
    - NPV算法简单，但得不出投资过程收益程度，受外部参数的影响
    - IRR较为烦琐，但能反映出投资过程收益程度，而IRR不受外部参数的影响，完全取决于投资过程的现金流量

实战训练

1. 与净现值比较，采用内部收益率评价投资方案经济效果的优点是能够（　　）。

A. 考虑资金的时间价值　　B. 反映项目投资中单位投资的盈利能力

C. 反映投资过程收益程度　　D. 考虑项目在整个计算期内的经济状况

答案：C

2. 采用净现值和内部收益率指标评价投资方案经济效果的共同特点有（　　）。

A. 均受外部参数的影响　　B. 均考虑资金的时间价值

C. 均可对独立方案进行评价　　D. 均能反映投资回收过程的受益程度

E. 均能全面考虑整个计算期内经济状况

答案：BCE

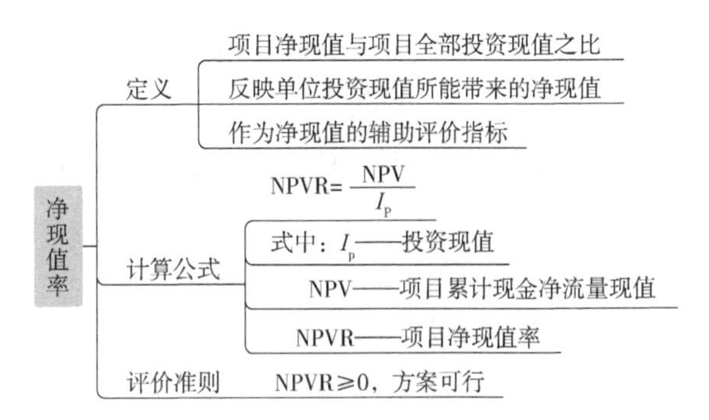

实战训练

某项目现金流量表（单位：万元）如下：则该项目的净现值率和动态投资回收期分别是（　　）。

年度	1	2	3	4	5	6	7	8
净现金流量	-1000	-1200	800	900	950	1000	1100	1200
折现系数（i_c =10%）	0.909	0.826	0.751	0.683	0.621	0.564	0.513	0.467
折现净现金流量	-909.0	-991.2	600.8	614.7	589.95	564.0	564.3	560.4

A. 2.45%和4.53年　　B. 83.88%和5.17年

C. 170.45%和4.53年　　D. 197.35%和5.17年

答案：B

考点二：经济效果评价方法

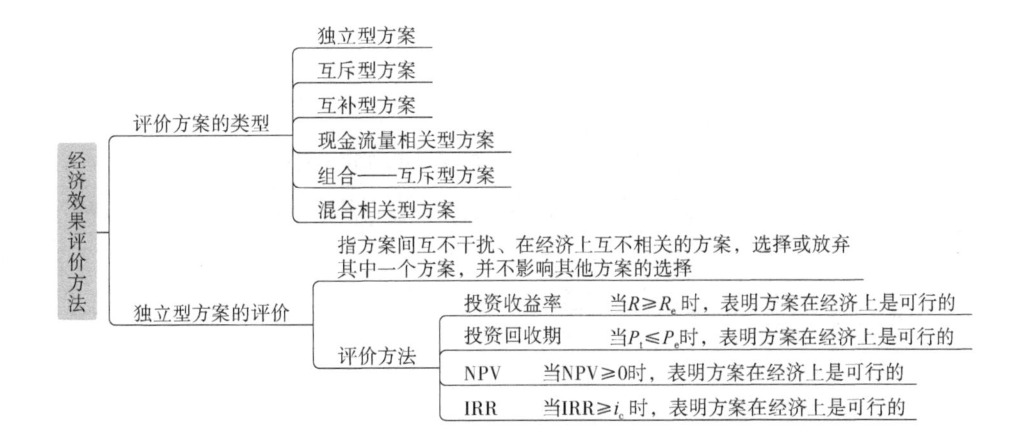

实战训练

1. 在评价投资方案经济效果时，如果A、B两个方案中缺少任何一个，另一个就不能正常运行，则A、B两方案称为（　　）。

A. 组合型　　B. 互补型　　C. 混合型　　D. 相关型

答案：B

2. 进行独立型投资方案经济效果评价时，认为方案在经济上可行，能够通过绝对经济效果检验的条件是（　　）。

A. 增量投资收益率不小于基准投资收益率

B. 静态投资回收期不超过基准投资回收期

C. 投资收益率非负

D. 增量投资回收期不超过基准投资回收期

答案：B

互斥型方案的评价
- 定义：指在若干备选方案中，各个方案彼此可以相互代替。选择其中任何一个方案，则其他方案必然被排斥
- 互斥型方案经济效果评价
  - 考查各个方案自身的经济效果，即进行绝对（经济）效果检验
  - 考查方案的相对最优性，称为相对（经济）效果检验
  - 两种检验的目的和作用不同，通常缺一不可，从而确保所选方案不但可行而且最优
- 方法：按投资大小由低到高进行两个方案的比选，然后淘汰较差的方案，以保留的较好方案再与其他方案比较，直至所有的方案都经过比较，最终选出经济性最优的方案

静态评价方法
- 增量投资收益率
  - 增量投资所带来的经营成本上的节约与增量投资之比
  - 现设I_1、I_2分别为甲、乙方案的投资额，C_1、C_2为甲、乙方案的经营成本。如$I_1<I_2$，$C_2<C_1$，则增量投资收益率$R_{(2-1)}$为
  - $R_{(2-1)}=\frac{C_1-C_2}{I_1-I_2}\times 100\%$
  - 增量投资收益率大于基准投资收益率时，投资额大的方案可行，投资的增量完全可以由经营成本的节约来得到补偿
- 增量投资回收期
  - 用经营成本的节约来补偿增量投资的年限
  - 当各年经营成本的节约（C_1-C_2）基本相同时，其计算公式为
  - $P_{t(2-1)}=\frac{I_1-I_2}{C_1-C_2}$
  - 增量投资回收期小于基准投资回收期时，投资额大的方案可行。反之，投资额小的方案为优选方案
- 年折算费用
  - 运用年折算费用法，只需计算各方案的年折算费用，即将投资额用基准投资回收期分摊到各年，再与各年的年经营成本相加
  - $Z_j=\frac{I_j}{P_c}+C_j$ 或 $Z_j=I_j\times i_c+C_j$
    - 式中：Z_j——第j个方案的年折算费用
    - I_j——第j个方案的总投资
    - P_c——基准投资回收期
    - i_c——基准投资收益率
    - C_j——第j个方案的年经营成本
  - 根据年折算费用，选择最小者为最优方案。这与增量投资收益率法的结论是一致的。年折算费用法计算简便，评价准则直观、明确

- 静态评价方法
  - 综合总费用
    - 方案的投资与基准投资回收期内年经营成本的总和
    - $S_j=I_j+P_c \times C_j$ 式中：S_j——第j个方案的综合总费用
    - 综合总费用即为基准投资回收期内年折算费用的总和。在方案评选时，综合总费用最小的方案为最优
  - 优缺点
    - 优点：概念清晰，计算简便
    - 缺点：没有考虑资金的时间价值
    - 静态评价方法仅适用于方案初评或作为辅助评价方法采用

实战训练

1. 下列评价方法中，用于互斥投资方案静态评价的有（ ）。

   A. 增量投资内部收益率法　　B. 增量投资收益率法

   C. 增量投资回收期法　　D. 净年值法

   E. 年折算用法

   答案：BCE

2. 互斥型方案经济效果评价的准则有（ ）。

   A. 增量投资收益率大于基准收益率，则投资额大的方案为优选方案

   B. 增量投资回收期小于基准投资回收期，则投资额小的方案为优选方案

   C. 增量投资内部收益率大于基准收益率，则投资额大的方案为优选方案

   D. 内部收益率大于基准收益率，则内部收益率大的方案为优选方案

   E. 投资收益率大于基准收益率，则投资收益率大的方案为优选方案

   答案：AC

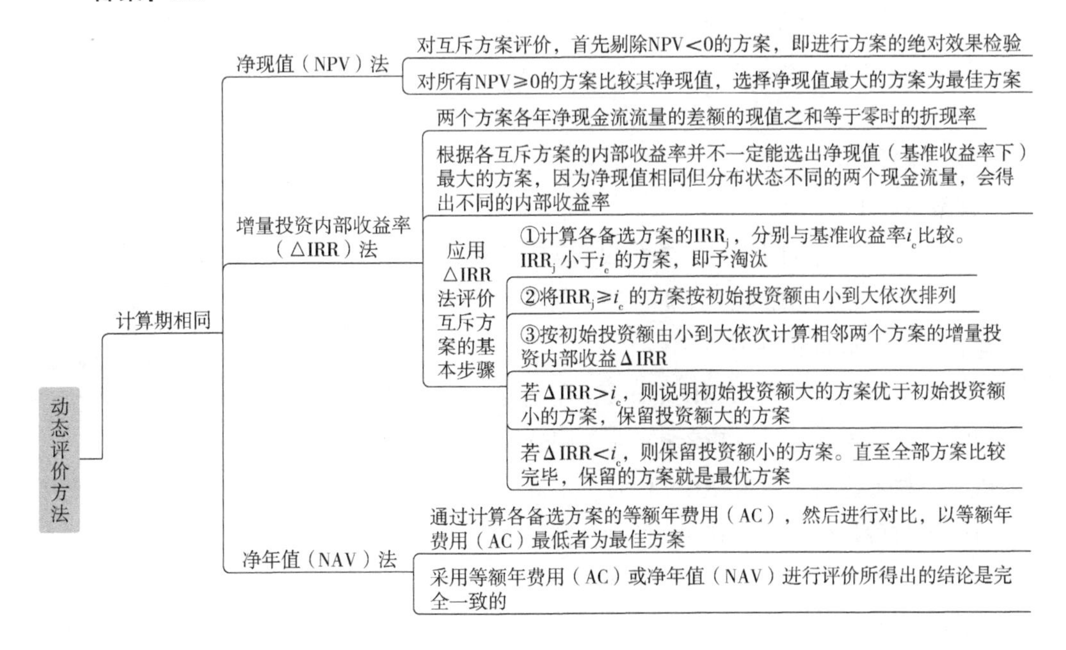

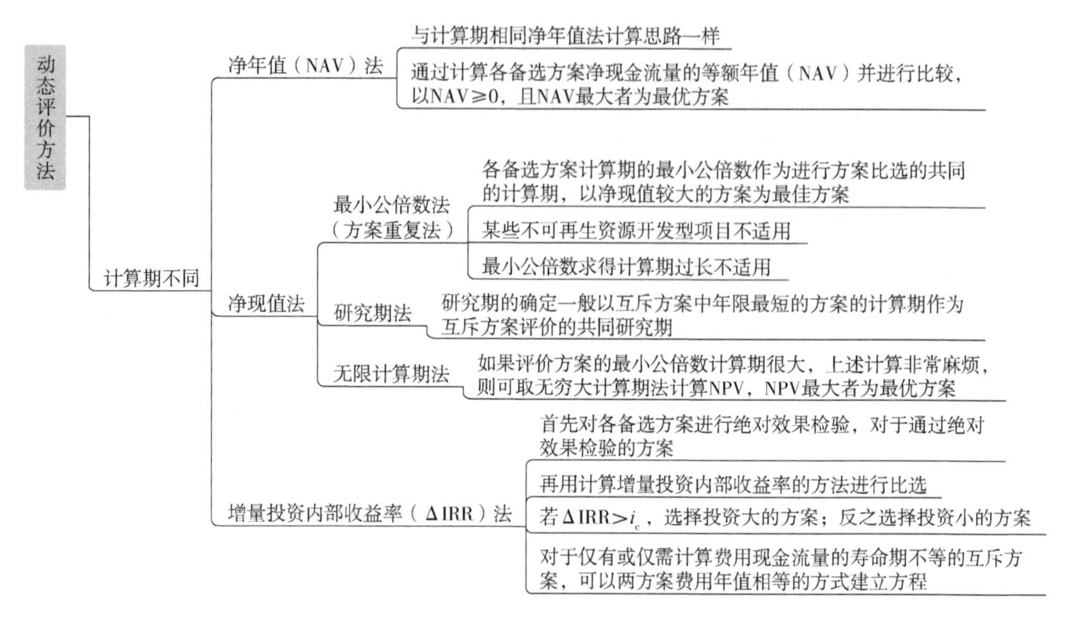

实战训练

1. 在进行投资方案经济效果评价时，增量投资内部收益率是指两个方案（　　）。

A. 净年值相等时的内部收益率

B. 投资收益率相等时的净年值率

C. 净年值相等时的折现率

D. 内部收益率相等时的投资报酬率

答案：C

2. 采用净现值法评价计算期不同的互斥方案时，确定共同计算期的方法有（　　）。

A. 最大公约数法　　B. 平均寿命期法

C. 最小公倍数法　　D. 研究期法

E. 无限计算期法

答案：CDE

3. 有甲、乙、丙、丁四个计算期相同的互斥型方案，投资额依次增大，内部收益率IRR依次为9%、11%、13%、12%，基准收益率为10%。采用增量投资内部收益率△IRR进行方案比选，正确的做法有（　　）。

A. 乙与甲比较，若△IRR＞10%，则选乙

B. 丙与甲比较，若△IRR＜10%，则选甲

C. 丙与乙比较，若△IRR＞10%，则选丙

D. 丁与丙比较，若△IRR＜10%，则选丙

E. 直接选丙，因其IRR超过其他方案的IRR

答案：CD

考点三： 不确定性分析与风险分析

一、盈亏平衡分析

- 盈亏平衡分析
  - 只适用于项目的财务评价
  - 基本的损益方程式
    - 利润＝销售收入-总成本-税金
    - 销售收入＝单位售价×销量
    - 总成本＝变动成本+固定成本＝单位变动成本×产量+固定成本
    - 销售税金＝单位产品营业税金及附加×销售量
    - 利润=（单价-单位变动成本-单位产品营业税金及附加）×产销量-固定成本
  - 线性盈亏平衡分析的前提条件
    - 生产量等于销售量
    - 生产量变化，单位可变成本不变，从而使总生产成本成为生产量的线性函数
    - 生产量变化，销售单价不变，从而使销售收入成为销售量的线性函数
    - 只生产单一产品；或者生产多种产品，但可以换算为单一产品计算
  - 用产销量表示的盈亏平衡点BEP（Q）
    - 基本损益方程式中的利润$B=0$，此时的产销量Q即为盈亏临界点产销量
    - BEP（Q）=年固定总成本/（单位产品销售价格-单位产品可变成本-单位产品营业税金及附加）
  - 用生产能力利用率表示的盈亏平衡点BEP（%）
    - 生产能力利用率：盈亏平衡点产销量占企业正常产销量的比重
    - 正常产销量，是指达到设计生产能力的产销数量，也可以用销售金额来表示
    - BEP（%）= 盈亏平衡点销售量/正产产销量×100%
    - BEP（%）= 年固定总成本/（年销售收入-年可变成本-年销售税金及附加）×100%
    - 盈亏平衡点应按项目的正常年份计算，不能按计算期内的平均值计算
  - 用销售收入表示的盈亏平衡点BEP（S）
    - 单一产品企业在现代经济中只占少数，大部分企业产销多种产品。多品种企业可以使用年销售金额来表示盈亏临界点
    - BEP（S）= 单位产品销售价格×年固定总成本/（单位产品销售价格-单位产品可变成本-单位产品销售税金及附加）
  - 用销售单价表示的盈亏平衡点BEP（p）
    - BEP（p）=年固定总成本/设计生产能力＋单位产品可变成本+单位产品营业税金及附加
  - 盈亏平衡点的经济含义
    - 盈亏平衡点反映了项目对市场变化的适应能力和抗风险能力
    - 盈亏平衡点越低，适应市场变化的能力越强，抗风险能力越强
    - 盈亏平衡分析虽然能够度量项目风险的大小，但并不能揭示产生项目风险的根源

实战训练

1. 关于投资方案不确定性分析与风险分析的说法，正确的是（　　）。

   A. 敏感性分析只适用于财务评价

   B. 风险分析只适用于国民经济评价

   C. 盈亏平衡分析只适用于财务评价

   D. 盈亏平衡分析只适用于国民经济评价

   答案：C

2. 某投资方案设计生产能力为50万件，年固定成本为300万元，单位产品可变成本为90元/件，单位产品的营业税及其附加为8元/件。按设计能力满负荷生产时，用销售单价表示的盈亏平衡点是（　　）元/件。

A. 90　　B. 96　　C. 98　　D. 104

答案：D

二、敏感性分析

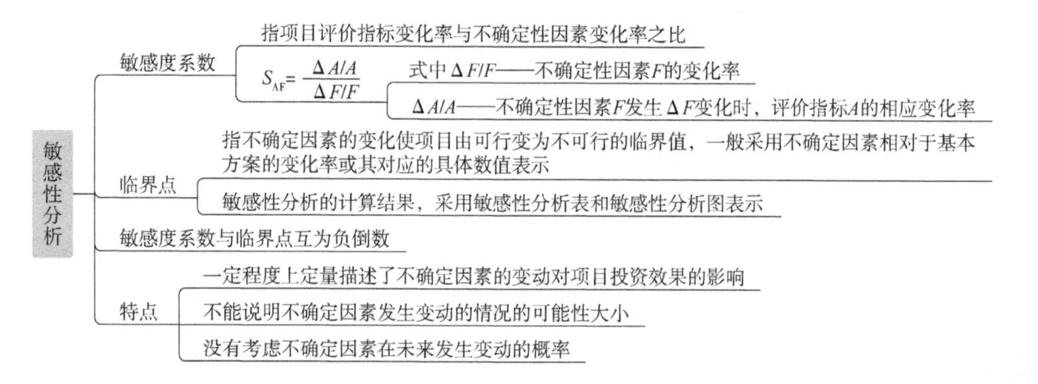

实战训练

1. 项目敏感性分析方法的主要局限是（　　）。

A. 计算过程比盈亏平衡分析复杂

B. 不能说明不确定因素发生变动的可能性大小

C. 需要主观确定不确定性因素变动的概率

D. 不能找出不确定因素变动的临界点

答案：B

2. 某建设项目以财务净现值为指标进行敏感性分析的有关数据见下表〔单位：万元），则按净现值确定的敏感程度变化幅度由大到小的顺序为（　　）。

变化幅度项目	-10%	0	+10%
①建设投资	914.93	861.44	807.94
②营业收入	703.08	861.44	1019.80
③经营成本	875.40	861.44	847.47

A. ①—②—③　　B. ②—①—③

C. ②—③—①　　D. ③—②—①

答案：B

3. 项目敏感性分析方法的主要局限是（　　）。

A. 计算过程比盈亏平衡分析复杂

B. 不能说明不确定因素发生变动的可能性大小

C. 需要主观确定不确定性因素变动的概率

D. 不能找出不确定因素变动的临界点

答案：B

三、风险分析

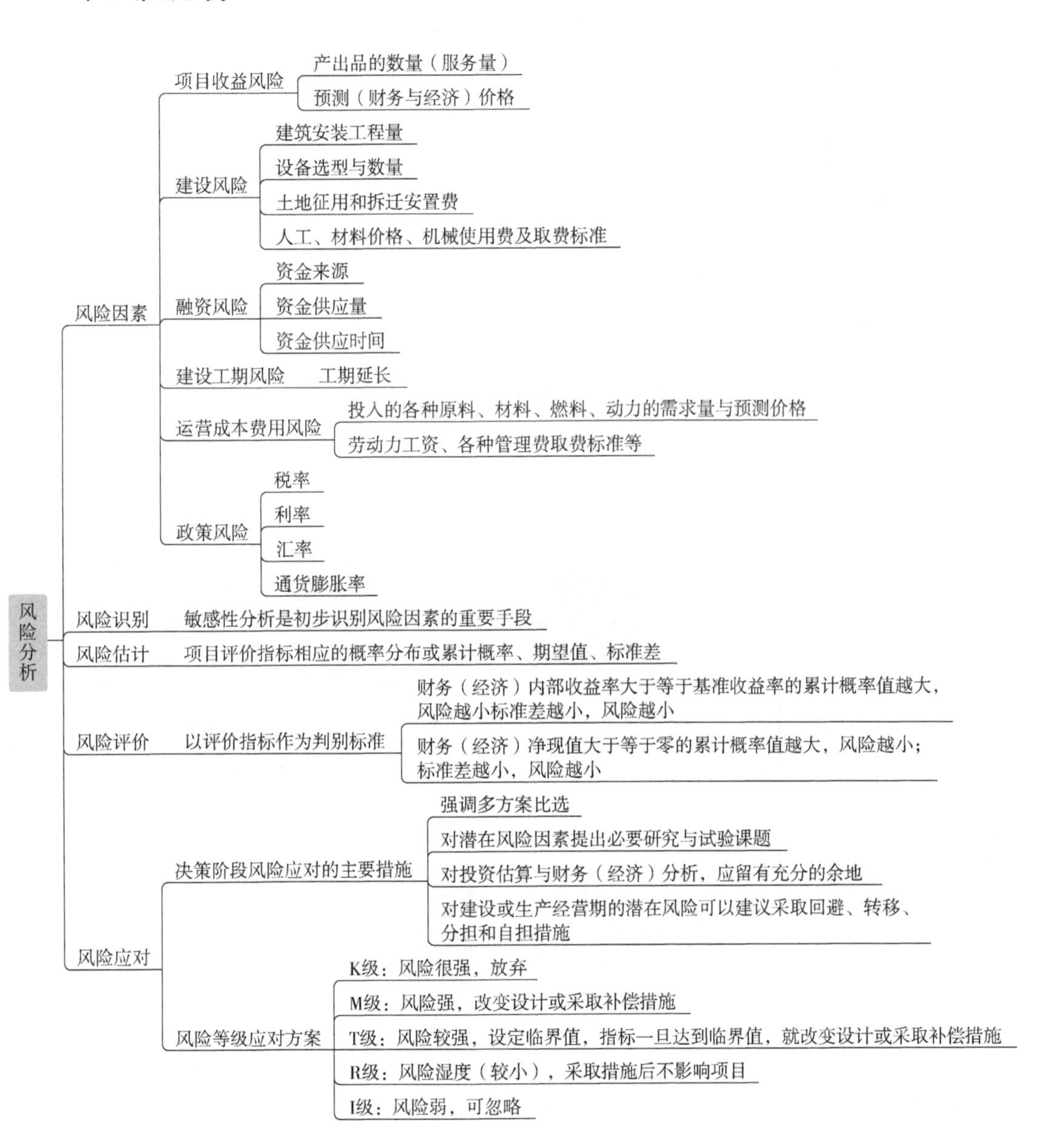

第三节　价值工程

核心考点

考点一：价值工程的基本原理和工作程序

一、基本原理

二、工作程序

考点二：价值工程方法

一、对象的选择

二、功能系统分析

三、功能评价

四、方案创造与评价

考点一：价值工程的基本原理和工作程序

一、基本原理

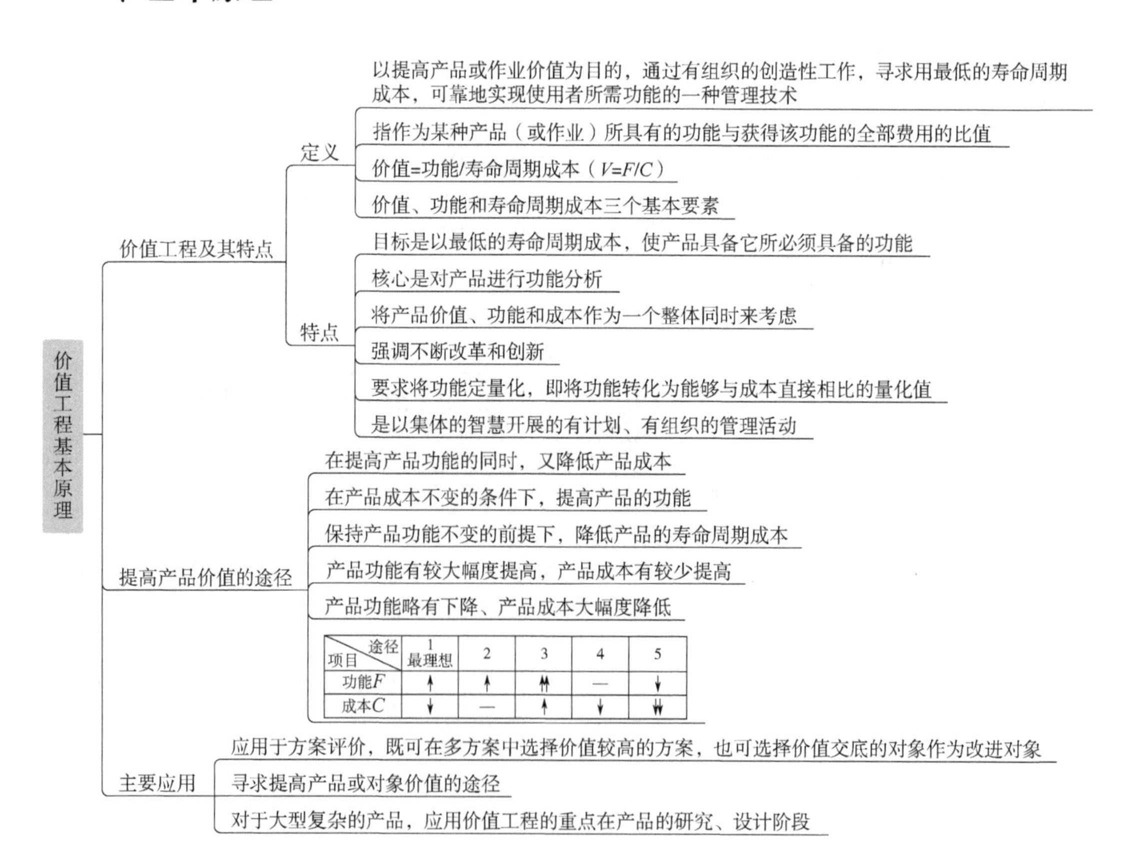

项目＼途径	1 最理想	2	3	4	5
功能F	↑	↑	↑↑	—	↓
成本C	↓	—	↑	↓	↓↓

实战训练

1. 价值工程的三个基本要素是指（　　）。

A. 生产成本、使用成本和维护成本

B. 必要功能、生产成本和使用价值

C. 价值、功能和寿命周期成本

D. 基本功能、辅助功能和必要功能

答案：C

2. 价值工程的核心和所采用的成本分别是产品的（　　）。

A. 功能评价和生产成本　　B. 功能评价和寿命周期成本

C. 功能分析和生产成本　　D. 功能分析和寿命周期成本

答案：D

3. 通过应用价值工程优化设计，使某房屋建筑主体结构工程达到了缩小结构构件几何尺寸，增加使用面积，降低单方造价的效果。提高该房屋价值的途径是（　　）。

A. 功能不变的情况下降低成本

B. 成本略有提高的同时大幅提高功能

C. 成本不变的条件下提高功能

D. 提高功能的同时降低成本

答案：D

4. 工程建设实施过程中，应用价值工程的重点应在（　　）阶段。

A. 勘察　　B. 设计　　C. 招标　　D. 施工

答案：B

二、工作程序

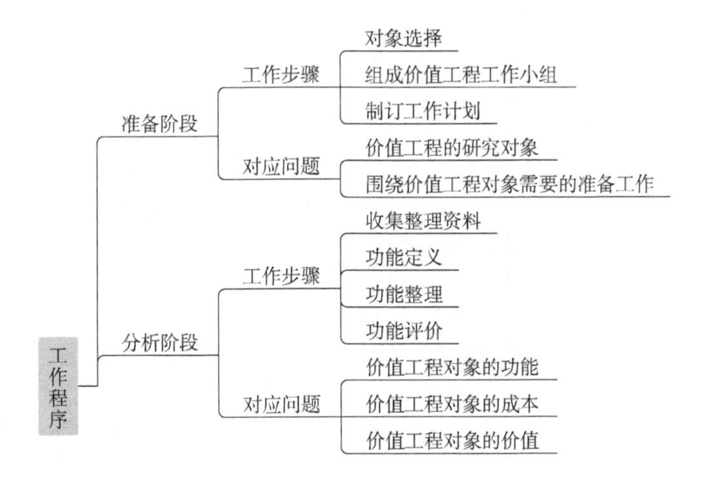

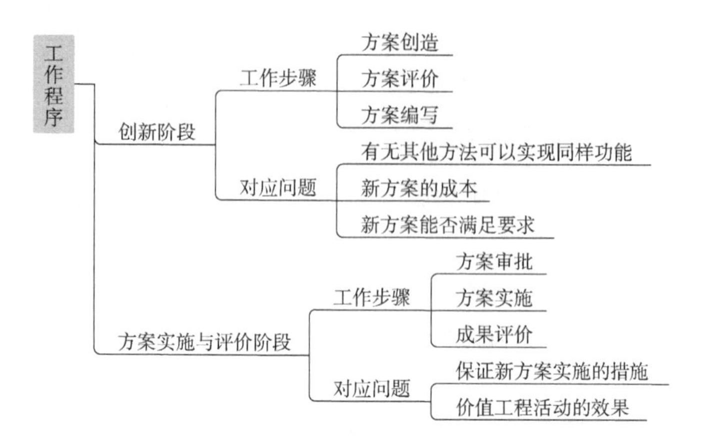

实战训练

1. 按照价值工程活动的工作程序，通过功能分析与整理明确必要功能后的下一步工作是（ ）。

A. 功能评价　B. 功能定义　C. 方案评价　D. 方案创造

答案：A

2. 下列价值工程活动中，属于功能分析阶段工作内容的有（ ）。

A. 功能定义　B. 方案评价　C. 功能改进　D. 功能计量

E. 功能整理

答案：ADE

考点二：价值工程方法

一、对象的选择

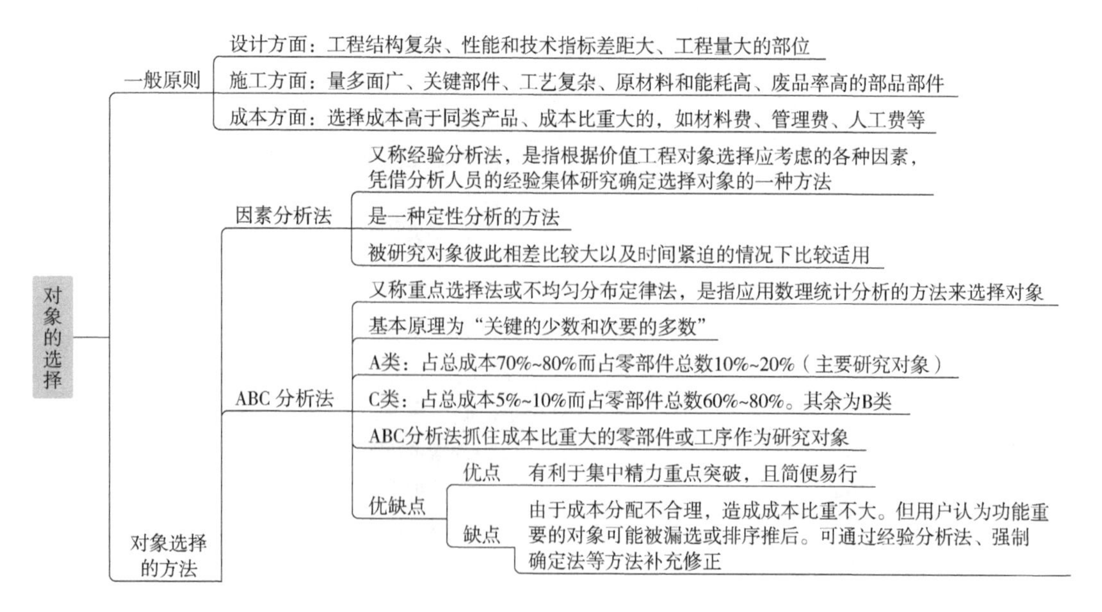

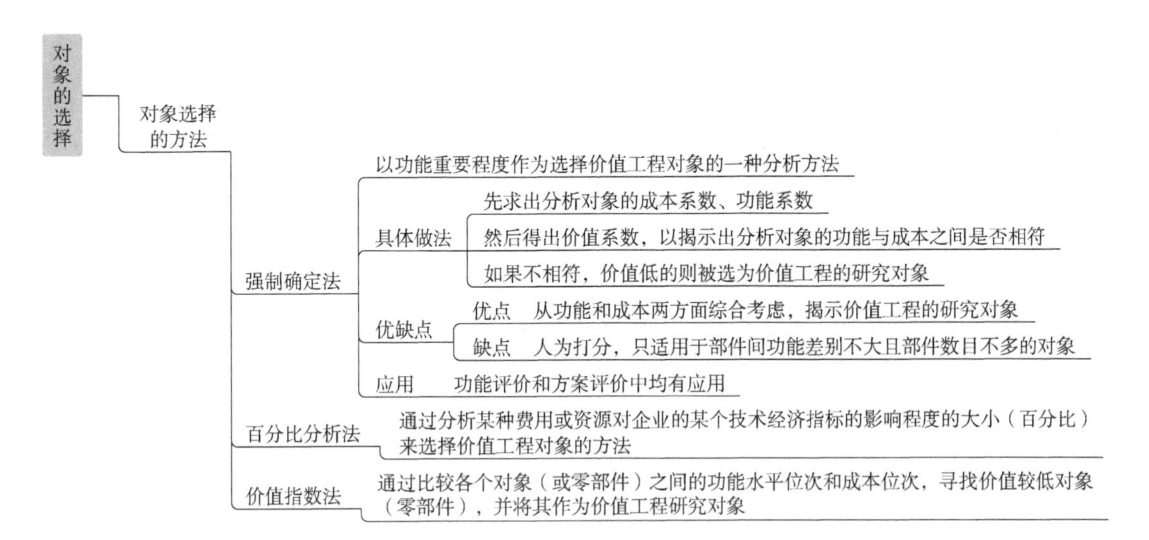

实战训练

在价值工程活动中，可用来选择价值工程对象的方法是（　　）。

A. 挣值分析法　　B. 间序列分析法

C. 回归分析法　　D. 百分比分析法

答案：D

二、功能系统分析

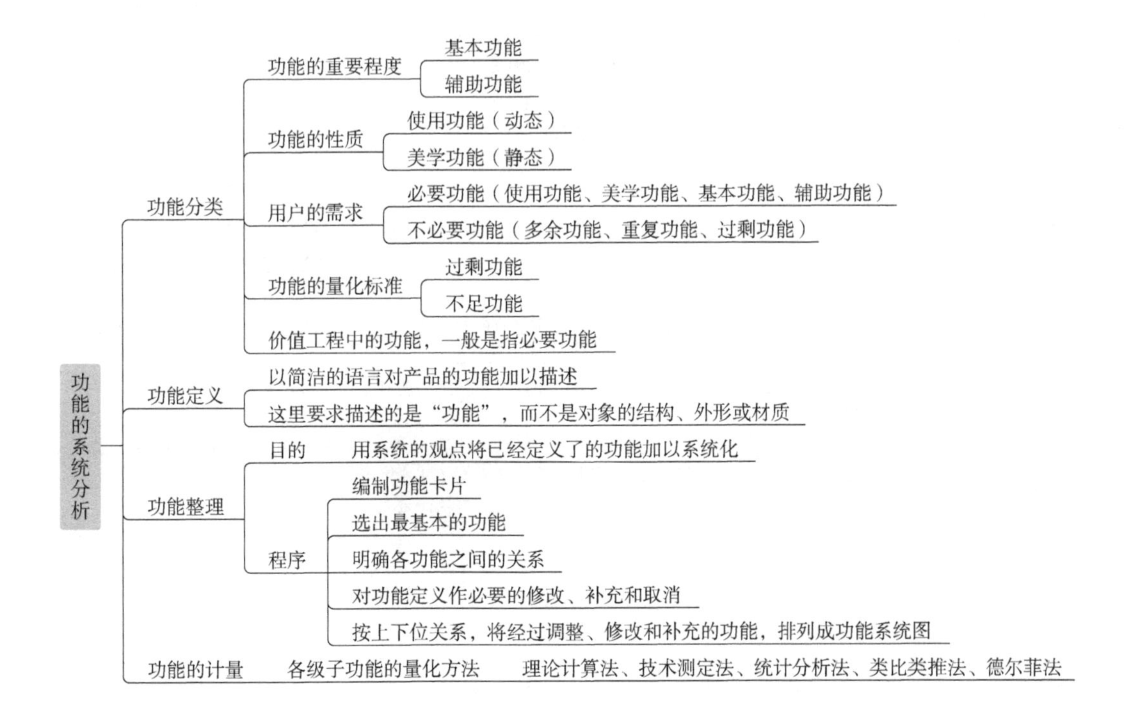

实战训练

1. 价值工程中的功能是指产品的（　　）。

A. 基本功能　　B. 使用功能

C. 主要功能　　D. 必要功能

答案：D

2. 价值工程应用中，功能整理的主要任务是（　　）。

A. 划分功能类别　　B. 解剖分析产品功能

C. 建立功能系统图　　D. 进行产品功能计量

答案：C

三、功能评价

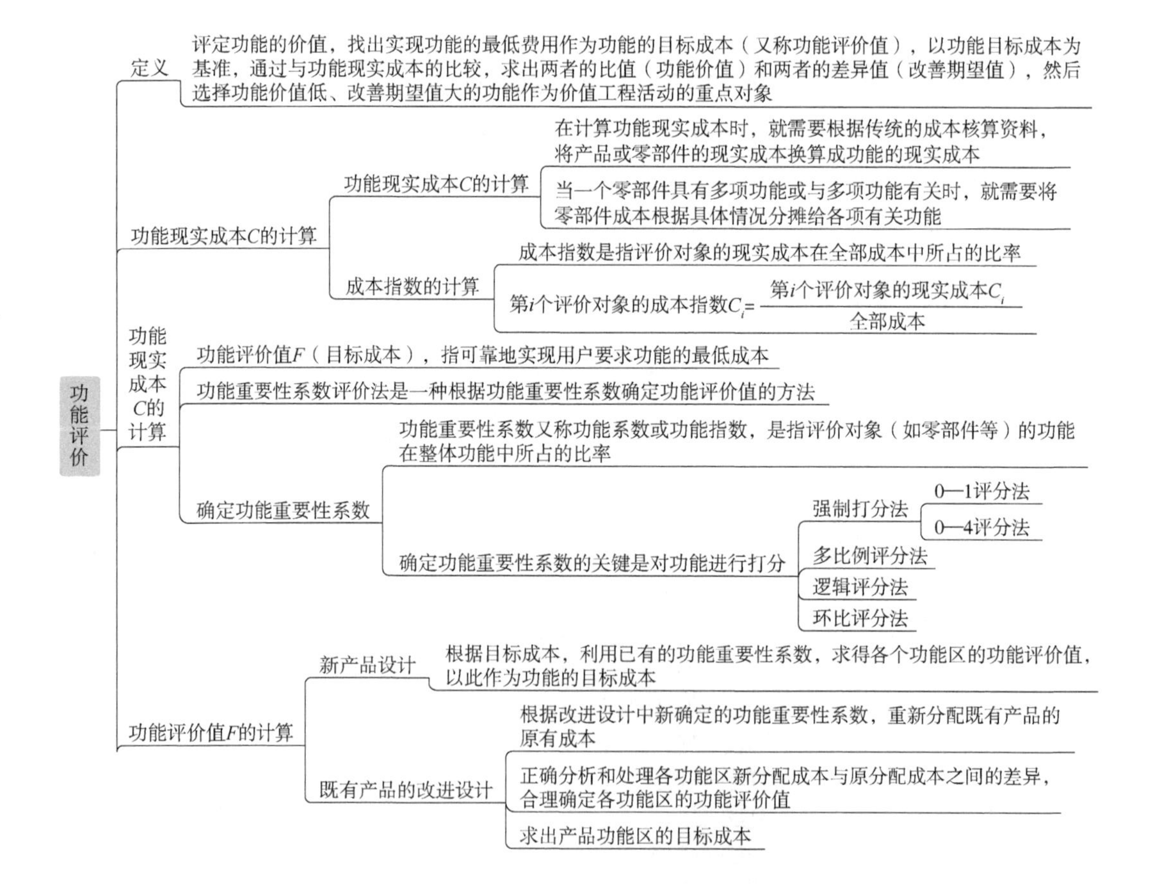

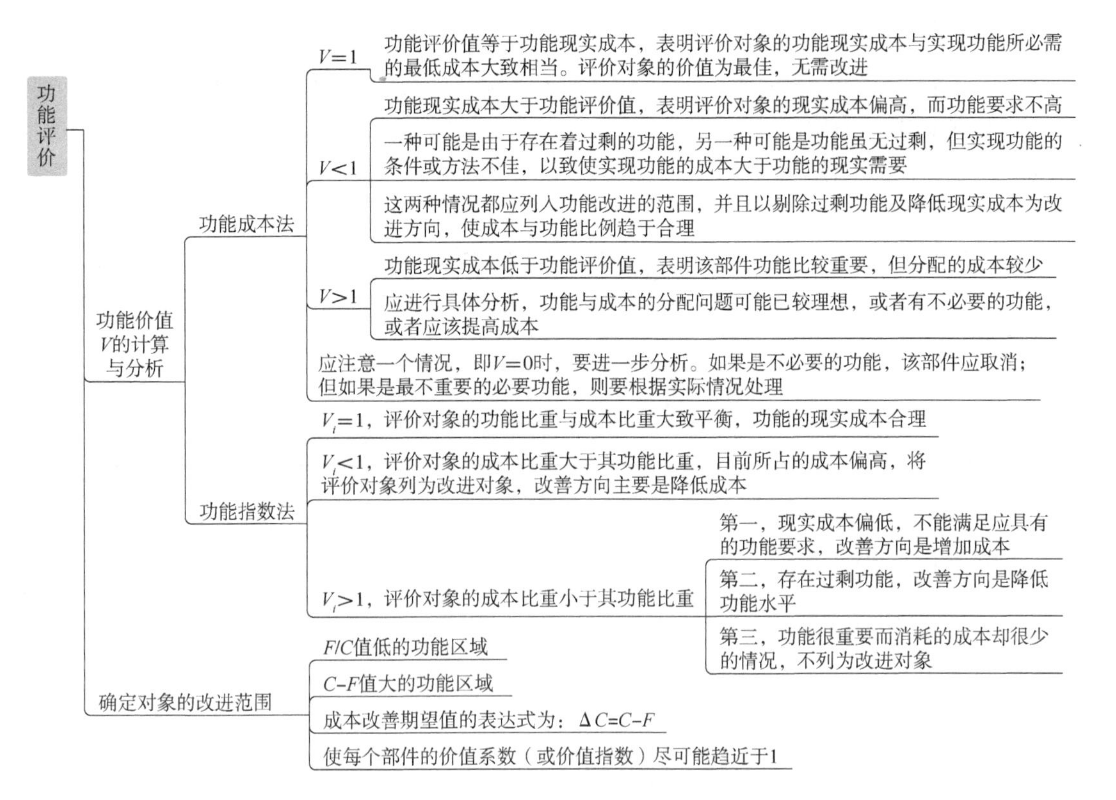

实战训练

1. 价值工程活动中，用来确定产品功能评价值的方法有（　　）。

A. 环比评分法　　B. 替代评分法

C. 强制评分法　　D. 逻辑评分法

E. 循环评分法

答案：ACD

2. 某产品功能重要程度用0—4评分法的结果见下表。零部件Ⅳ的功能重要性系数为（　　）。

	Ⅰ	Ⅱ	Ⅲ	Ⅳ	Ⅴ
Ⅰ	×				
Ⅱ	1	×			
Ⅲ	2	3	×		
Ⅳ	0	1	2	×	
Ⅴ	4	3	0	1	×

A. 0.15　　B. 0.20　　C. 0.23　　D. 0.28

答案：A

3. 应用价值工程原理进行功能评价时，表明评价对象的功能与成本较匹配，暂不需考虑改进的情形是价值系数（　　）。

A. 大于0　　B. 等于1　　C. 大于1　　D. 小于1

答案：B

4. 某工程有甲、乙、丙、丁四个设计方案，各方案的功能系数和单方造价见下表，按价值系数应优选设计方案（　　）。

设计方案	功能指数	成本指数	价值指数
甲	0.35		1.4
乙		0.3	0.6
丙	0.2		
丁		0.2	

A. 甲　　B. 乙　　C. 丙　　D. 丁

答案：A

四、方案创造与评价

- 方案创造与评价
  - 方案创造
    - 头脑风暴法
      - 自由奔放地思考问题
      - 由对改进对象有较深了解的人员组成的小集体在非常融洽和不受任何限制的气氛中进行讨论、座谈，打破常规、积极思考、互相启发、集思广益，提出创新方案
      - 这种方法可使获得的方案新颖、全面、富于创造性，并可以防止片面和遗漏
    - 哥顿法
      - 这个方法也是在会议上提方案，但究竟研究什么问题，目的是什么，只有会议的主持人知道，以免其他人受约束
      - 这种方法的指导思想是把要研究的问题适当抽象，以利于开拓思路
      - 在研究新方案时，会议主持人开始并不全部摊开要解决的问题，而是只对大家作一番抽象笼统的介绍，要求大家提出各种设想，以激发出有价值的创新方案
    - 专家意见法
      - 又称德尔菲（Delphi）法
      - 是由组织者将研究对象的问题和要求，函寄给若干有关专家，使他们在互不商量的情况下提出各种建议和设想，专家返回设想意见
      - 经整理分析后，归纳出若干较合理的方案和建议，再函寄给有关专家征求意见
      - 再回收整理，如此经过几次反复后专家意见趋向一致，从而最后确定出新的功能实现方案
      - 这种方法的特点是专家们彼此不见面，研究问题时间充裕，可以无顾虑、不受约束地从各种角度提出意见和方案。缺点是花费时间较长，缺乏面对面的交谈和商议
    - 专家检查法
  - 方案评价
    - 包括概略评价和详细评价，内容包括技术评价、经济评价、社会评价以及综合评价
    - 总体价值最大的方案，即技术上先进、经济上合理和社会上有利
    - 常用的定性方法
      - 德尔菲（Delphi）法
      - 优缺点列举法
    - 常用的定量方法
      - 直接评分法
      - 加权评分法
      - 比较价值评分法
      - 环比评分法
      - 强制评分法
      - 几何平均值评分法

实战训练

1. 下列方法中，可在价值工程活动中用于方案创造的有（　　）。

A. 专家检查法　　B. 专家意见法

C. 流程图法　　D. 列表比较法

E. 方案清单法

答案：AB

2. 价值工程应用中，对提出的新方案进行综合评价的定量方法有（　　）。

A. 头脑风暴法　　B. 直接评分法

C. 加权评分法　　D. 优缺点列举法

E. 专家检查法

答案：BC

第四节　工程寿命周期成本分析

核心考点

考点一：工程寿命周期成本及其构成

一、工程寿命周期成本的含义

二、工程寿命周期成本的构成

考点二：工程寿命周期成本分析方法及其特点

一、工程寿命周期成本分析方法

二、工程寿命周期成本分析方法的特点和局限性

考点一：工程寿命周期成本及其构成

一、工程寿命周期成本的含义

工程寿命周期成本的含义

- 经济成本：指工程项目从项目构思到项目建成投入使用直至工程寿命终结全过程所发生的一切可直接体现为资金耗费的投入的总和，包括建设成本和使用成本
- 环境成本：指工程产品系列在其全寿命周期内对于环境的潜在和现在的不利影响
- 社会成本：指工程产品在从项目构思、产品建成投入使用直至报废不堪再用全过程中对社会的不利影响

实战训练

关于工程寿命周期社会成本的说法，正确的是（　　）。

A. 社会成本是指社会因素对工程建设和使用产生的不利影响

B. 工程建设引起大规模移民是一种社会成本

C. 社会成本主要发生在工程项目运营期

D. 社会成本只在项目财务评价中考虑

答案：B

二、工程寿命周期成本的构成

工程寿命周期成本的构成

- 工程寿命周期成本是工程设计、开发、建造、使用、维修和报废等过程中发生的费用
- 即该项工程在其确定的寿命周期内或在预定的有效期内所需支付的研究开发费、施工安装费、运行维修费、报废回收费等费用的总和

考点二：工程寿命周期成本分析方法及其特点

一、工程寿命周期成本分析方法

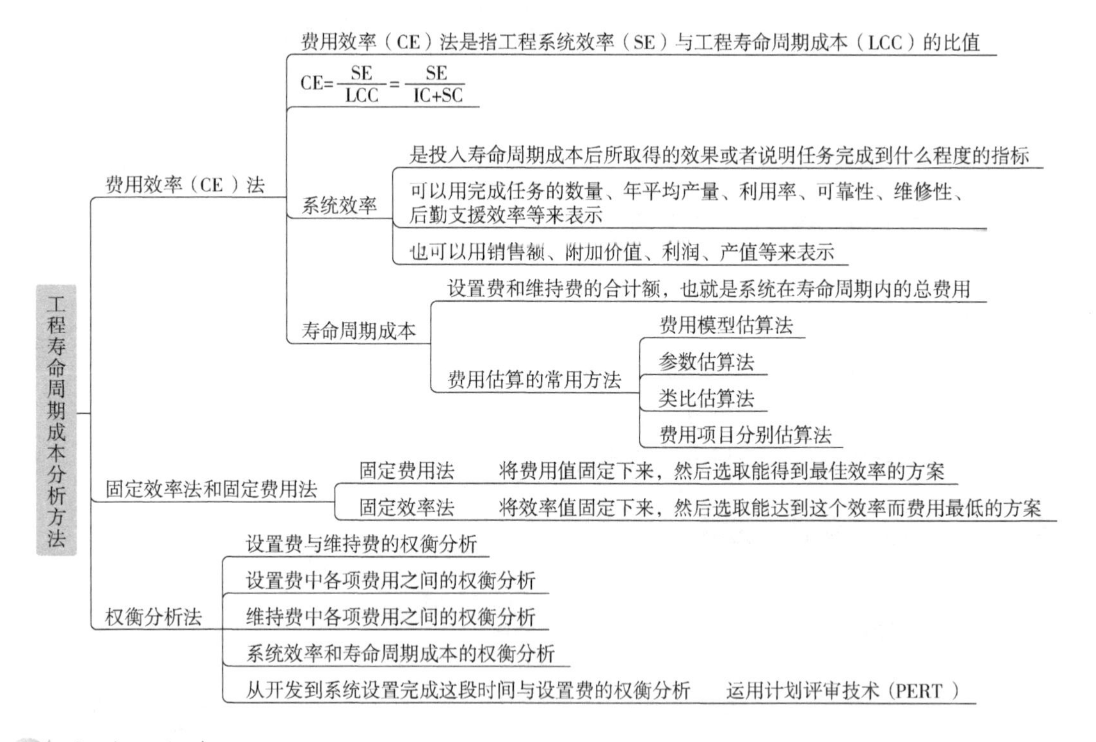

实战训练

1. 工程寿命周期成本分析评价中，可用来估算费用的方法是（　　）。

A. 构成比率法　　B. 因素分析法

C. 挣值分析法　　D. 参数估算法

答案：D

2. 工程寿命周期成本分析中，可用于对从系统开发至设置完成所用时间与设置费之间进行权衡分析的方法是（　　）。

A. 层次分析法　　B. 关键线路法

C. 计划评审技术　　D. 挣值分析法

答案：C

二、工程寿命周期成本分析方法的特点和局限性

成本分析法的特点和局限性
- 特点
  - 不仅考虑设置费，还要考虑所有费用
  - 在系统开发初期就考虑寿命周期成本
  - 进行费用设计，将寿命周期成本作为系统开发的主要因素
  - 进行设置费和维持费的权衡，系统效率与寿命周期成本之间的权衡，以及开发、设置所需的时间与寿命周期成本之间的权衡
- 局限性
  - 假定项目方案有确定的寿命周期
  - 在项目早期进行评价的准确性难以保证
  - 工程寿命周期成本分析的高成本未必适用于所有项目

实战训练

关于工程寿命周期成本分析法的局限性之一是假定工程对象有（　　）。

A. 固定的运行效率　　B. 确定的投资额

C. 确定的寿命周期　　D. 固定的功能水平

答案：C

第五章

工程项目投融资

近三年考题分值分布

考试年份	2019 年			2020 年			2021 年		
章节	单选题	多选题	分值	单选题	多选题	分值	单选题	多选题	分值
第五章　工程项目投融资	13	3	19	12	2	16	10	3	16
第一节　工程项目资金来源	6	1	8	5	2	9	4	1	6
第二节　工程项目融资	4	1	6	4	0	4	3	1	5
第三节　与工程项目有关的税收及保险规定	3	1	5	3	0	3	3	1	5

第一节　工程项目资金来源

核心考点

考点一：项目资本金制度

考点二：项目资金筹措渠道与方式

一、资本金筹措渠道与方式

二、债务资金筹措渠道与方式

考点三：资金成本与资本结构

一、资金成本

二、资本结构

考点一：项目资本金制度

- 项目资本金制度
  - 概念
    - 项目资本金是指在项目总投资中由投资者认缴的出资额
  - 制度
    - 项目资本金是非债务性资金，项目法人不承担任何利息和债务
    - 投资者可享有所有者权益，可转让其出资，但不得抽回
    - 项目资本金后于负债受偿，可以降低债务人债权的回收风险
  - 来源
    - 可以用货币出资，也可以用实物、工业产权、非专利技术、土地使用权作价出资
    - 以工业产权、非专利技术作价出资的比例不得超过投资项目资本金总额的20%，除国家对采用高新技术成果有特别规定的除外

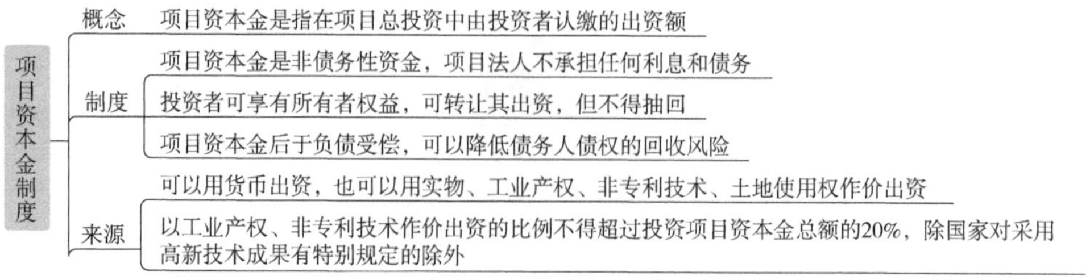

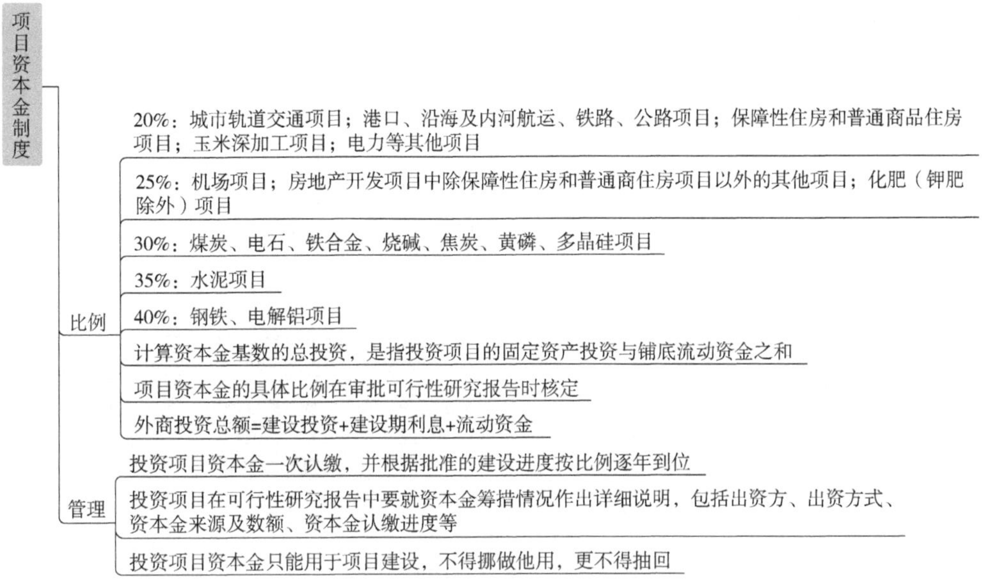

项目资本金制度
- 比例
  - 20%：城市轨道交通项目；港口、沿海及内河航运、铁路、公路项目；保障性住房和普通商品住房项目；玉米深加工项目；电力等其他项目
  - 25%：机场项目；房地产开发项目中除保障性住房和普通商住房项目以外的其他项目；化肥（钾肥除外）项目
  - 30%：煤炭、电石、铁合金、烧碱、焦炭、黄磷、多晶硅项目
  - 35%：水泥项目
  - 40%：钢铁、电解铝项目
  - 计算资本金基数的总投资，是指投资项目的固定资产投资与铺底流动资金之和
  - 项目资本金的具体比例在审批可行性研究报告时核定
  - 外商投资总额=建设投资+建设期利息+流动资金
- 管理
  - 投资项目资本金一次认缴，并根据批准的建设进度按比例逐年到位
  - 投资项目在可行性研究报告中要就资本金筹措情况作出详细说明，包括出资方、出资方式、资本金来源及数额、资本金认缴进度等
  - 投资项目资本金只能用于项目建设，不得挪做他用，更不得抽回

实战训练

1. 关于项目资本金性质或特征的说法，正确的是（　　）。

A. 项目资本金是债务性资金

B. 项目法人不承担项目资本金的利息

C. 投资者不可转让其出资

D. 投资者可以任何方式抽回其出资

答案：B

2. 以工业产权、非专利技术作价出资的比例不得超过投资项目资本金总额的（　　），国家对采用高新技术成果有特别规定的除外。

A. 10%　　　　B. 20%

C. 30%　　　　D. 40%

答案：B

考点二：项目资金筹措渠道与方式

一、资本金筹措渠道与方式

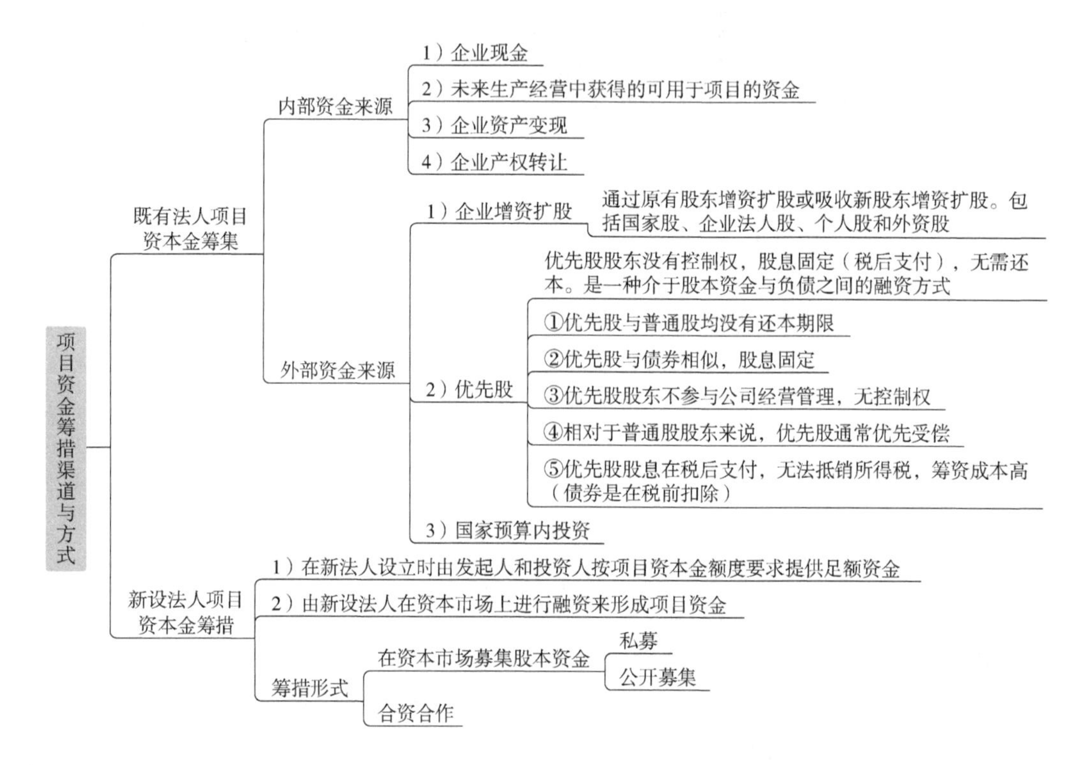

实战训练

1. 新设项目法人的项目资本金，可通过（　　）方式筹措。

A. 企业产权转让　　B. 在证券市场上公开发行股票

C. 商业银行贷款　　D. 在证券市场上公开发行债券

答案：B

2. 既有法人作为项目法人等措施项目资金时，属于既有法人外部资金来源的有（　　）。

A. 企业增资扩股　　B. 企业资金变现

C. 企业产权转让　　D. 企业发行债券

E. 企业发行优先股股票

答案：AE

3. 与发行债券相比，发行优先股的特点是（　　）。

A. 融资成本较高　　B. 股东拥有公司控制权

C. 股息不固定　　D. 股利可在税前扣除

答案：A

二、债务资金筹措渠道与方式

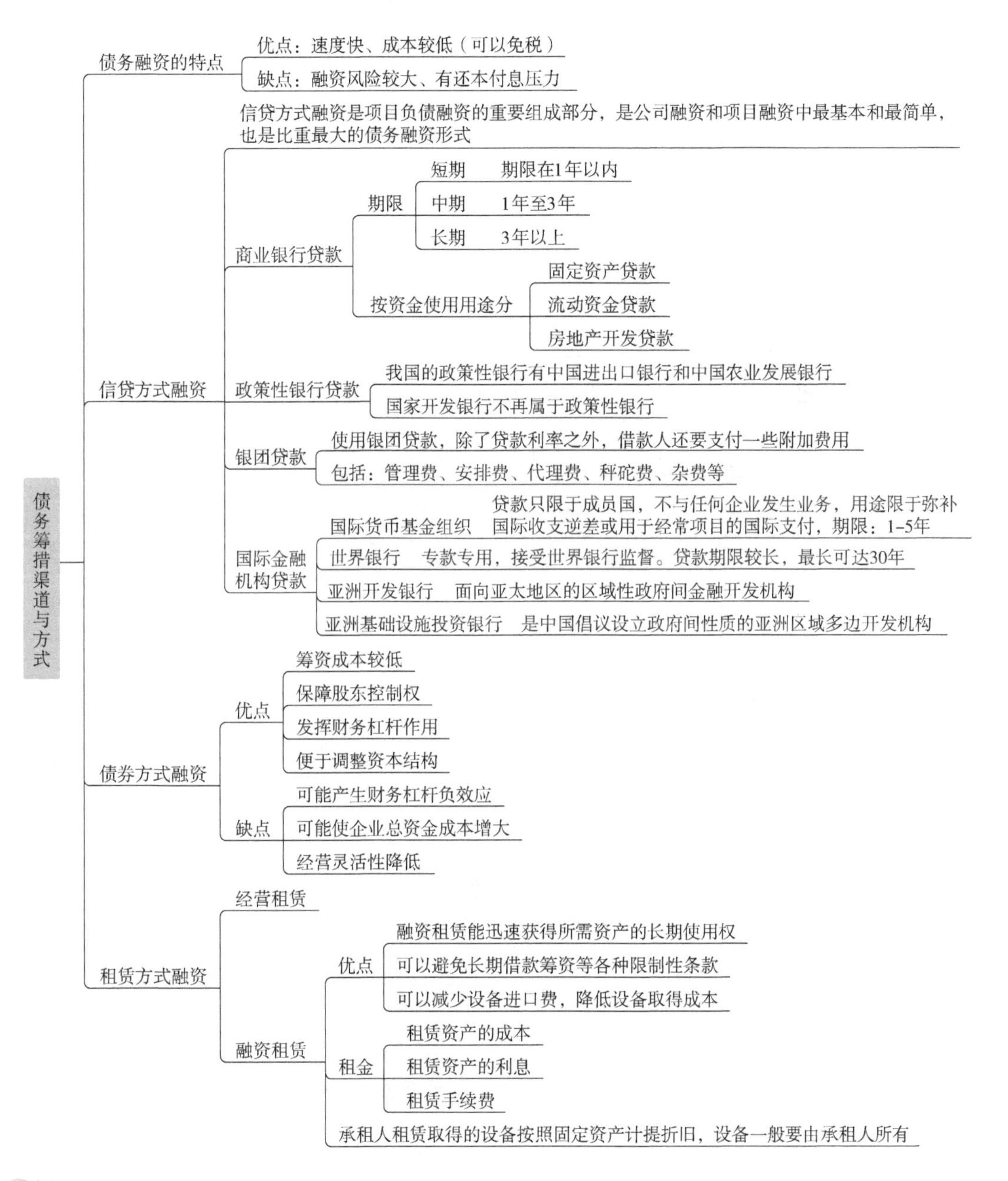

实战训练

1. 在公司融资和项目融资中，所占比重最大的债务融资方式是（　　）。

A. 发行股票　　　　B. 信贷融资

C. 发行债券　　　　D. 融资租赁

答案：B

2. 企业发行债券融资的优点是（　　）。

A. 企业财务负担小　　B. 企业经营灵活性高

C. 便于调整资本机构　　D. 无须第三方担保

答案： C

考点三：资金成本与资本结构

一、资金成本

- 资金成本
  - 资金成本及其构成
    - 资金成本是指企业为筹集和使用资金而付出的代价
    - 资金筹集成本
      - 指在资金筹集过程中所支付的各项费用，一般属于一次性费用，筹资次数越多，资金筹集成本也就越大
      - 如发行股票或债券支付的印刷费、发行手续费、律师费、资信评估费、公证费、担保费、广告费等
    - 资金使用成本
      - 又称为资金占用费（股息、红利、利息），具有经常性、定期性的特征，是资金成本的主要内容
  - 资金成本的性质
    - 资金使用者向资金所有者和中介机构支付的占用费和筹资费
    - 资金成本与资金的时间价值既有联系，又有区别。资金的时间价值是一种时间函数，而资金成本除可以看作是时间函数外，还表现为资金占用额的函数
    - 资金成本具有一般产品成本的基本属性。但是资金成本只有一部分具有产品成本的性质，即这一部分耗费计入产品成本，而另一部分则作为利润的分配，不能列入产品成本
  - 资金成本的作用
    - 个别资金成本主要用于比较各种筹资方式资金成本的高低，是确定筹资方式的依据
    - 综合资金成本是项目公司资本结构决策的依据
    - 边际资金成本是追加筹资决策的重要依据
  - 资金成本的计算
    - 一般形式
      - 资金成本可用绝对数表示，也可用相对数表示
      - 绝对数表示方法是指为凑集合使用资本到底付出了多少费用
      - 相对数表示方法则是通过资金成本率来表示，用每年用资费用与筹得的资金净额之间的比率来定义
    - 个别资金成本
      - 权益融资成本
        - 优先股成本
        - 普通股成本
        - 保留盈余成本（留存收益）
      - 债务资金成本
        - 长期贷款成本
        - 债券成本
        - 租赁成本
        - 考虑时间价值的负债融资成本计算
    - 加权平均资金成本

实战训练

1. 资金筹集成本的主要特点是（　　）。

A. 在资金使用多次发生　　B. 与资金使用时间的长短有关

C. 可作为筹资金额的一项扣除　　D. 与资金筹集的次数无关

答案： C

2. 项目公司为了扩大项目规模往往需要追加筹集资金，用来比较选择追加筹资方案的

重要依据是（　　）。

A. 个别资金成本　　B. 综合资金成本

C. 组合资会成本　　D. 边际资金成本

答案： D

二、资本结构

- 资本结构
  - 定义
    - 又称资金结构，广义的资本结构是指项目公司全部资本的构成，也包括短期资本
    - 狭义的资本结构是指项目公司所拥有的各种长期资本的构成及比例关系，尤其是指长期的股权资本和债务资本的构成及比例关系
  - 项目资本金与债务资金比例
    - 项目资本金比例越高，贷款的风险越低，贷款利率可以越低
    - 如果权益资金过大，风险可能会过于集中，财务杠杆作用下滑
    - 如果项目资本金占的比重太少，会导致负债的难度提升和融资成本的提高
  - 项目资本金结构
    - 投资方对项目不同的出资比例决定了投资各方对项目的建设和经营所享有的决策权、应承担的责任以及项目收益的分配
    - 新设法人
      - 根据投资各方在资本、技术、人力和市场开发等方面优势，协商确定各方的出资比例、出资形式和出资时间
    - 既有法人
      - 考虑既有法人的财务状况和筹资能力，合理确定内部筹资和新增资本金的比例，并分析其可能性和合理性
  - 项目债务资金结构
    - 增加短期债务资本可能降低总的融资成本，但公司财务风险会增加
    - 增加长期债务资本可能降低公司财务风险，但公司融资成本会增加
    - 债务融资的结构应该考虑
      - 1. 债务期限配比
      - 2. 债务偿还顺序　（先高后低、先硬后软）
      - 3. 境内外借款占比
      - 4. 利率结构
        - 浮动利率、固定利率、浮动/固定利率
        - 选择什么样的利率结构，项目现金流量的特征起决定性作用
      - 5. 货币结构
  - 资本结构的比选方法
    - 每股收益分析是利用每股收益的无差别点进行的
    - 所谓每股收益的无差别点，是指每股收益不受融资方式影响的销售水平
    - 根据每股收益无差别点，可以分析判断不同销售水平下适用的资本结构

实战训练

1. 为新建项目筹集债务资金时，对利率结构起决定性作用的因素是（　　）。

A. 进入市场的利率走向

B. 借款人对于融资风险的态度

C. 项目现金流量的特征

D. 资金筹集难易程度

答案： C

2. 项目公司资本结构是否合理，一般是通过分析（　　）的变化进行衡量。

A. 利率　　B. 风险报酬率　　C. 股票筹资　　D. 每股收益

答案：D

第二节　工程项目融资

核心考点

考点一：项目融资的特点和程序

一、项目融资的特点

二、项目融资程序

考点二：项目融资的主要方式

一、BOT 方式

二、TOT 方式

三、ABS 方式

四、PFI 方式

五、PPP 方式

考点一：项目融资的特点和程序

一、项目融资的特点

- 项目融资的特点
  - 项目导向：项目融资主要以项目的资产、预期收益和与其现金流量等来安排融资
  - 有限追索：贷款人只能在特定阶段或时期追偿
  - 风险分担：融资结构建立后，任何一方都要准备任何未能预料到的风险
  - 非公司负债型融资：亦称为资产负债表之外的融资，是指项目的债务不表现在项目投资者（即实际借款人）的公司资产负债表中负债栏的一种融资形式
  - 信用结构多样化
    - （1）在市场方面，可以要求对项目产品感兴趣的购买者提供一种长期购买合作为融资的信用支持
    - （2）在工程建设方面，可以要求工程承包公司提供固定价格、固定工期的合同，或“交钥匙”工程合同，可以要求项目设计者提供工程技术保证等
    - （3）在原材料和能源供应方面，可以要求供应方在保证供应的同时，在定价上保证项目的最低收益
  - 融资成本较高：项目融资相对筹资成本较高，组织融资所需要的时间较长
  - 可以利用税务优势：通常包括加速折旧、利息成本、投资优惠以及其他费用的抵税等

实战训练

1. 与传统的贷款融资方式不同，项目融资主要是以（　　）来安排融资。

A. 项目资产和预期收益　　B. 项目投资者的资信水平

C. 项目第三方担保　　D. 项目管理的能力和水平

答案：A

2. 与传统融资方式相比较，项目融资的特点有（　　）。

A. 信用结构多样化　　B. 融资成本较高

C. 可以利用税务优势　　D. 风险种类少

E. 属于公司负债性融资

答案：ABC

3. 为了减少风险，可以要求工程承包公司提供（　　）工程合同。

A. 固定价格，可调工期　　B. 固定价格，固定工期

C. 可调价格，固定工期　　D. 可调价格，可调工期

答案：B

二、项目融资程序

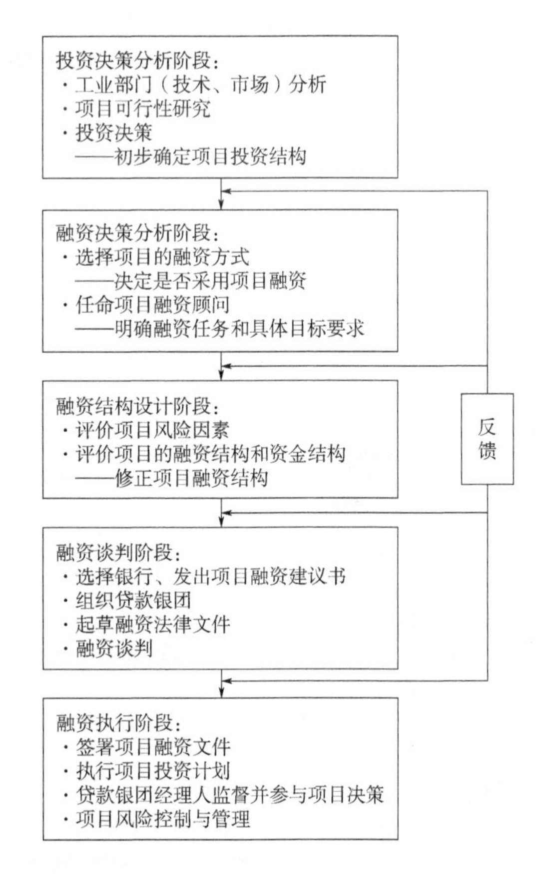

实战训练

1. 按照项目融资程序，分析项目所在行业状况、技术水平和市场情况，应在（　　）阶段完成。

A. 投资决策分析　　B. 融资结构设计

C. 融资决策分析　　D. 融资谈判

答案：A

2. 项目融资过程中，投资决策后应进行的工作是（　　）。

A. 融资谈判　　B. 融资决策分析

C. 融资执行　　D. 融资结构设计

答案：B

考点二：项目融资的主要方式

一、BOT方式

- BOT方式
  - 由本国公司或者外国公司作为项目的投资者和经营者安排融资，承担风险，开发建设项目并在特许权协议期间经营项目获取商业利润，特许期满后，根据协议将该项目转让给相应的政府机构
  - 适用范围
    - 主要适用于竞争性不强的行业或有稳定收入的项目
    - 如包括公路、桥梁、自来水厂、发电厂等在内的公共基础设施、市政设施等
  - 基本思路
    - 为项目的建设和经营提供一种特许权协议，项目公司只有建设权和经营权，所有权属于政府
  - 基本形式
    - 典型BOT（建设—运营—移交）
    - BOOT（建设—拥有—运营—移交）
    - BOO（建设—拥有—运营）
  - 演变形式
    - BT（代建）项目：投资者仅获取建设权，而经营权属于政府，风险比基本BOT项目大

二、TOT方式

- TOT方式
  - 概念
    - TOT，即移交—经营—移交，通过出售现有投产项目在一定期限内的现金流量，从而获得资金来建设新项目的一种融资方式
  - TOT的运作程序
    - 确定TOT方案并报批
    - 项目发起人设立SPC或SPV，发起人将完工项目的所有权和新建项目的所有权均转让给SPC或SPV，以确保有专门机构对两个项目的管理、转让、建造负有全权，并对出现的问题加以协调。SPC或SPV通常是政府设立或政府参与设立的具有特许权的机构
    - TOT项目招标
    - SPV与投资者洽谈以达成转让投产运行项目在未来一定期限内全部或部分经营权的协议，并取得资金
    - 转让方利用获得资金来建设新项目
    - 新项目投入运行
    - 转让项目经营期满后，收回转让的项目
  - TOT方式的特点
    - TOT是通过已建成项目为新项目进行融资，而BOT是为筹建中的项目进行融资
    - TOT避开了风险，只涉及转让经营权，不存在产权、股权问题
    - 从东道国政府角度看，TOT缓解了中央和地方财政的支出压力
    - TOT方式既可回避建设中超支、停建或建成后不能正常运营、现金流量不足以偿还债务等风险，又能尽快取得收益

实战训练

1. 下列项目融资方式中，通过已建成项目为其他新项目进行融资的是（　　）。

A. TOT　　B. BT　　C. BOT　　D. PFI

答案： A

2. 与 BOT 融资方式相比，TOT 融资方式的优点有（　　）。

A. 通过已建成项目为其他新项目进行融资

B. 不影响东道国对国内基础设施的控制权

C. 投资者对移交项目有自主处置权

D. 投资者可规避建设超支、停建风险

E. 投资者的收益具有较高确定性

答案： ADE

三、ABS 方式

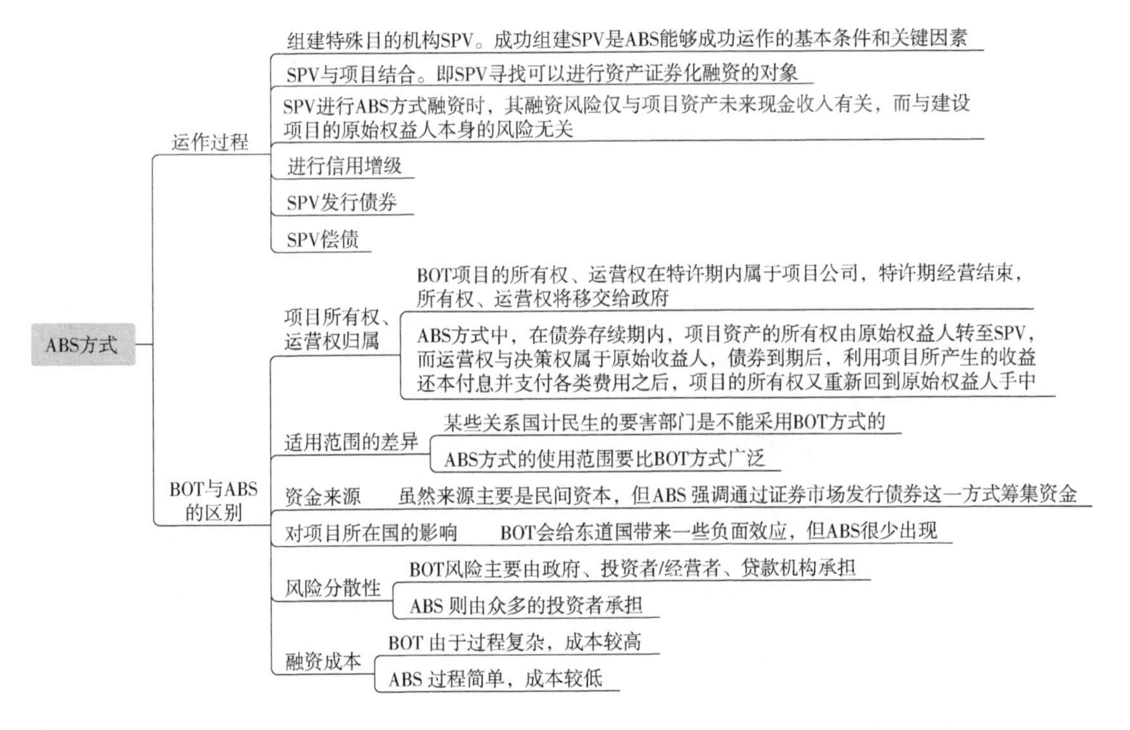

实战训练

1. 关于项目融资 ABS 方式特点的说法，正确的是（　　）。

A. 项目经营权与决策权属特殊目的机构（SPV）

B. 债券存续期内资产所有权归特殊目的机构（SPV）

C. 项目资金主要来自项目发起人的自有资金和银行贷款

D. 复杂的项目融资过程增加了融资成本

答案： B

2. 在下列项目融资方式中，需要组建一个特别用途公司（SPC）进行运作的是（　　）。

A. BOT 和 ABS　　B. PFI 和 TOT

C. ABS 和 TOT　　D. PFI 和 BOT

答案： C

四、PFI 方式

- PFI方式
  - 定义：私营企业进行项目的建设与运营，从政府方或接受服务方收取费用以回收成本。政府购买私营部门提供的产品或服务，或给予私营企业以收费特许权，或政府与私营企业以合伙方式共同营运等方式，来实现政府公共物品产出中的资源配置最优化、效率和产出的最大化
  - 核心：增加包括私营企业参与的公共服务或者是公共服务的产出大众化
  - PFI的典型模式
    - 在经济上自立的项目。私营企业提供服务时，政府不向其提供财政的支持，但有政府的政策支持
    - 向公共部门出售服务的项目。私营企业提供项目服务所产生的成本，完全或主要通过私营企业服务提供者向公共部门收费来补偿，如私人融资兴建的监狱、医院和交通线路等
    - 合资经营项目。公共部门与私营企业共同出资、分担成本和共享收益。项目的控制权由私营企业来掌握，公共部门只是一个合伙人的角色
  - PFI的优点
    - PFI在本质上是一个设计、建设、融资和运营模式，政府与私营企业是一种合作关系，对PFI项目服务的购买是由有采购特权的政府与私营企业签订的。
    - 优点表现
      - PFI有非常广泛的适用范围，不仅包括基础设施项目，在学校、医院、监狱等公共项目上也有广泛的应用
      - 推行PFI方式，能够广泛吸引经济领域的私营企业或非官方投资者，参与公共物品的产出，这不仅大大地缓解了政府公共项目建设的资金压力，同时也提高了政府公共物品的产出水平
      - 吸引私营企业的知识、技术和管理方法，提高了公共项目的效率和降低了产出成本
      - PFI方式最大的优势在于它是政府公共项目投融资和建设管理方式的重要的制度创新
  - PFI和BOT的比较
    - 适用领域
      - BOT方式主要适用于基础设施或市政设施
      - PFI方式应用更广，可以用于非营利性的、公共服务设施等
    - 合同类型
      - BOT主要是特许经营合同
      - PFI主要是服务合同
    - 承担风险
      - BOT中设计风险由政府承担
      - PFI由私营企业承担设计风险
    - 合同期满处理方式
      - BOT结束后无偿交给政府
      - PFI规定如果没有达到合同规定的收益，私营企业可以继续保持运营权

实战训练

1. 采用 PFI 融资方式，政府部门与私营部门签署的合同类型是（　　）。

A. 服务合同　　B. 特许经营合同

C. 承包合同　　D. 融资租赁合同

答案： A

2. 下列项目中，适合以 PFI 典型模式实施的有（　　）。

A. 向公共部门出售服务的项目　　B. 私营企业与公共部门合资经营的项目

C. 在经济上自立的项目　　D. 由政府部门掌握项目经营权的项目

E. 由私营企业承担全部经营风险的项目

答案： ABC

五、PPP 方式

- PPP方式
  - 含义
    - 政府与企业长期合作的一系列方式的统称，包含BOT、TOT、PFI 等多种方式，并特别强调合作过程中政企双方平等、风险分担、利益共享、效率提高和保护公众利益
    - 投资规模较大、需求长期稳定、价格调整机制灵活、市场化程度较高的基础设施及公共服务类项目，适宜采用政府和社会资本合作模式。
    - 政府和社会资本合作项目由政府或社会资本发起，以政府发起为主
    - 政府或其指定的有关职能部门或事业单位可作为项目实施机构，负责项目准备、采购、监管和移交等工作
  - PPP实施方案的内容
    - ①项目概况；②风险分配基本框架；③项目运营方式；④交易结构；⑤合同体系；⑥监管架构；⑦采购方式选择
    - 项目概况　项目公司股权情况主要明确是否要设立项目公司
    - 风险分配基本框架
      - 原则　分配优化、收益对等、风险可控
      - 风险分配
        - 社会资本承担：项目设计、建造、财务、运营维护等商业风险
        - 政府承担：法律、政策、最低需求等风险
        - 政府和社会资本共同承担：不可抗力风险
    - 运作方式
      - 项目运作方式主要包括委托运营、管理合同、建设—运营—移交、建设—拥有—运营、转让—运营—移交和改建—运营—移交等
      - 具体运作方式的选择主要由收费定价机制、项目投资收益水平、风险分配基本框架、融资需求、改扩建需求和期满处置等因素决定
    - 交易结构
      - 交易结构主要包括项目投融资结构、回报机制和相关配套安排
      - 项目投融资结构主要说明项目资本性支出的资金来源、性质和用途，项目资产的形成和转移等
      - 项目回报机制主要说明社会资本取得投资回报的资金来源，包括使用者付费、可行性缺口补助和政府付费等支付方式
      - 相关配套安排主要说明由项目以外相关机构提供的土地、水、电、气和道路等配套设施和项目所需的上下游服务
    - 合同体系
      - 项目合同是其中最核心的法律文件
      - 项目边界条件是项目合同的核心内容
        - 权利义务
        - 交易条件
        - 履约保障
        - 调整衔接边界
  - 物有所值评价
    - 在中国境内拟采用PPP模式实施的项目，应在项目识别或准备阶段开展物有所值评价
    - 物有所值评价结论分为“通过”和“未通过”
      - “通过”的项目，可进行财政承受能力论证
      - “未通过”的项目，可在调整实施方案后重新评价，仍未通过的不宜采用PPP模式
    - 定性评价
      - 基本指标　全寿命期整合程度、风险识别与分配、绩效导向与鼓励创新、潜在竞争程度、政府机构能力、可融资性等。
      - 补充指标　项目规模大小、预期使用寿命长短、主要固定资产种类、全寿命期成本测算准确性、运营收入增长潜力、行业示范性
    - 定量评价
      - 净成本的现值PPP值≤公共部门比较值PSC值，通过定量评价；反之未通过
      - PPP值等同于PPP项目全生命周期内股权投资、运营补贴、风险承担和配套投入等各项财政指出责任的现值
      - PSC 值是三项成本的全寿命周期现值之和
        - 参照项目的建设和运营维护净成本
        - 竞争性中立调整值
        - 项目全部风险成本
    - 评价报告　报省级财政部门备案，并将报告电子版上传PPP综合信息平台
  - 财政承受能力论证
    - 责任识别
      - 包括：财务支出责任，主要包括股权投资、运营补贴、风险承担、配套投入等
      - 股权投资支出责任是指在政府与社会资本共同组建项目公司的情况下，政府承担的股权投资支出责任
      - 运营补贴支出责任是指在项目运营期间，政府承担的直接付费责任
      - 风险承担支出责任是指项目实施方案中政府承担风险带来的财政或有支出责任
      - 配套投入支出责任是指政府提供的项目配套工程等其他投入责任
    - 支出测算
      - 综合考虑各类支出责任特点、情景和发生概率等因素
      - 风险承担支出应充分考虑各类风险出现的概率和带来的支出责任，可采用比例法、情景分析法及概率法进行测算
    - 能力评估
      - 包括财政能力支出评估、行业和领域平衡性评估
      - 每年度全部PPP项目需要从预算中安全的支出，占一般公共预算支出比例≤10%

实战训练

1. 论证 PPP 项目财政承受能力时，支出测算完成后，紧接着应进行的工作是（　　）。

A. 责任识别　　B. 财政承受能力评估

C. 信息披露　　D. 投资风险预测

答案： B

2. 对 PPP 项目进行物有所值（VFM）定性评价的基本指标有（　　）。

A. 运营收入增长潜力　　B. 潜在竞争程度

C. 项目建设规模　　D. 政府机构能力

E. 风险识别与分配

答案： BDE

第三节　与工程项目有关的税收及保险规定

核心考点

考点一：与工程项目有关的税收规定

一、增值税

二、所得税

三、城市维护建设税与教育费附加

四、房产税

五、城镇土地使用税

六、土地增值税

七、契税

考点二：与工程项目有关的保险规定

一、建筑工程一切险

二、安装工程一切险

三、工伤保险

四、建筑意外伤害保险

考点一：　与工程项目有关的税收规定

一、增值税

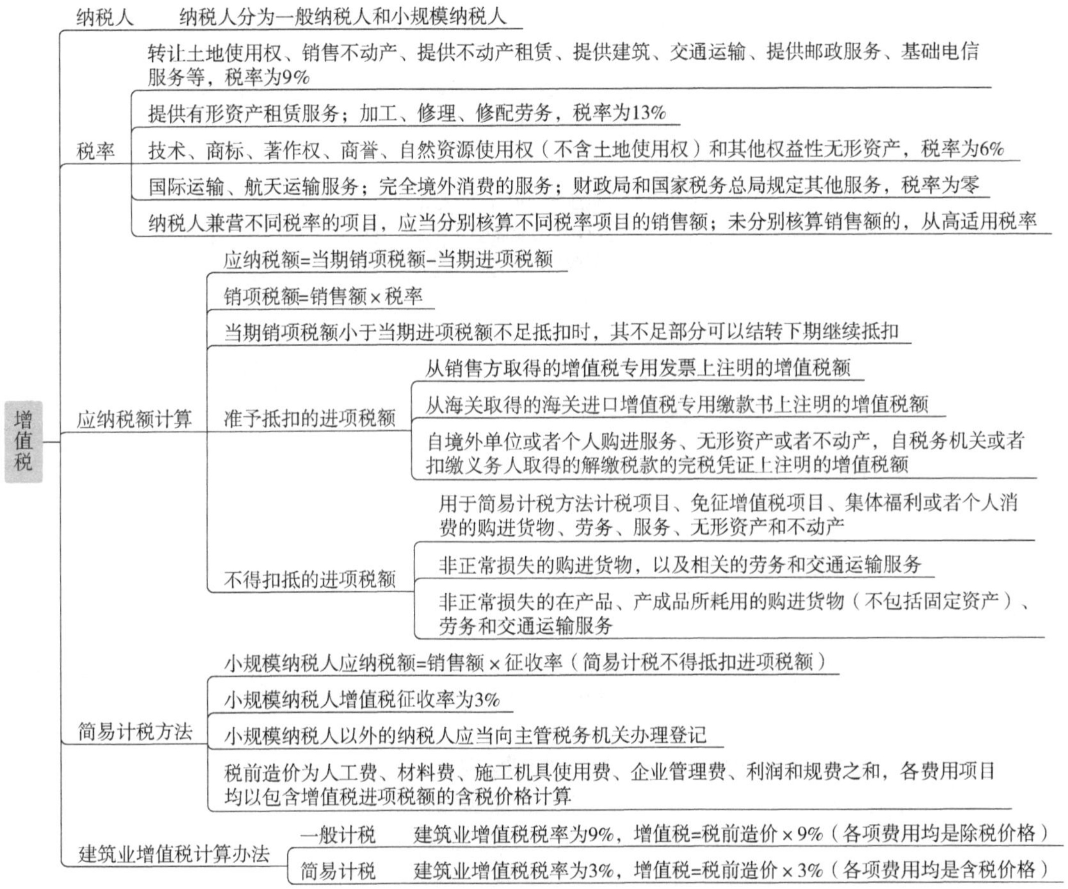

- 增值税
  - 纳税人
    - 纳税人分为一般纳税人和小规模纳税人
  - 税率
    - 转让土地使用权、销售不动产、提供不动产租赁、提供建筑、交通运输、提供邮政服务、基础电信服务等，税率为9%
    - 提供有形资产租赁服务；加工、修理、修配劳务，税率为13%
    - 技术、商标、著作权、商誉、自然资源使用权（不含土地使用权）和其他权益性无形资产，税率为6%
    - 国际运输、航天运输服务；完全境外消费的服务；财政局和国家税务总局规定其他服务，税率为零
    - 纳税人兼营不同税率的项目，应当分别核算不同税率项目的销售额；未分别核算销售额的，从高适用税率
  - 应纳税额计算
    - 应纳税额=当期销项税额-当期进项税额
    - 销项税额=销售额×税率
    - 当期销项税额小于当期进项税额不足抵扣时，其不足部分可以结转下期继续抵扣
    - 准予抵扣的进项税额
      - 从销售方取得的增值税专用发票上注明的增值税额
      - 从海关取得的海关进口增值税专用缴款书上注明的增值税额
      - 自境外单位或者个人购进服务、无形资产或者不动产，自税务机关或者扣缴义务人取得的解缴税款的完税凭证上注明的增值税额
    - 不得扣抵的进项税额
      - 用于简易计税方法计税项目、免征增值税项目、集体福利或者个人消费的购进货物、劳务、服务、无形资产和不动产
      - 非正常损失的购进货物，以及相关的劳务和交通运输服务
      - 非正常损失的在产品、产成品所耗用的购进货物（不包括固定资产）、劳务和交通运输服务
  - 简易计税方法
    - 小规模纳税人应纳税额=销售额×征收率（简易计税不得抵扣进项税额）
    - 小规模纳税人增值税征收率为3%
    - 小规模纳税人以外的纳税人应当向主管税务机关办理登记
    - 税前造价为人工费、材料费、施工机具使用费、企业管理费、利润和规费之和，各费用项目均以包含增值税进项税额的含税价格计算
  - 建筑业增值税计算办法
    - 一般计税　建筑业增值税税率为9%，增值税=税前造价×9%（各项费用均是除税价格）
    - 简易计税　建筑业增值税税率为3%，增值税=税前造价×3%（各项费用均是含税价格）

实战训练

1. 对小规模纳税人而言，增值税应纳税额的计算式为（　　）。

　A. 销项税额－进项税额　　B. 销售额/（1－征收率）×征收率

　C. 销售额×征收率　　D. 销售额×（1－征收率）×征收率

　答案：C

2. 当小规模纳税人采用简易计税方法计算增值税时，建筑业增值税的征收率是（　　）。

　A. 3%　　B. 6%　　C. 9%　　D. 10%

　答案：A

二、所得税

- 所得税
  - 计税依据
    - 企业所得税的计税依据为应纳税所得额
    - 应纳税所得额=收入总额-不征税收入-免税收入-各项扣除-弥补以前年度亏损
    - 收入总额
      - 销售货物收入；提供劳务收入；转让财产收入；股息、红利等权益性投资收益；利息收入；租金收入；特许权使用费收入；接受捐赠收入；其他收入
    - 不征税收入
      - 财政拨款
      - 依法收取并纳入财政管理的行政事业性收费、政府性基金
      - 国务院规定的其他不征税收入
    - 免税收入
      - 国债利息收入
      - 符合条件的居民企业之间的股息、红利等权益性投资收益
      - 在中国境内设立机构、场所的非居民企业从居民企业取得与该机构、场所有实际联系的股息、红利等权益性投资收益
      - 符合条件的非营利组织的收入
    - 各项扣除
      - 与取得收入有关的支出，如成本费用（利息、折旧、摊销）、税金、损失等
      - 企业发生的公益性捐赠支出，在年度利润总额12%以内的部分，准予扣除
    - 不得扣除的支出
      - 向投资者支付的股息、红利等权益性投资收益款项
      - 企业所得税税款
      - 税收滞纳金
      - 罚金、罚款和被没收财物的损失
      - 允许扣除范围以外的捐赠支出
      - 赞助支出
      - 未经核定的准备金支出
    - 弥补以前年度亏损
      - 根据利润的分配顺序，企业发生的年度亏损，在连续5年内可以用税前利润弥补进行弥补
  - 税率
    - 企业所得税实行25%的比例税率
    - 对于非居民企业取得的应税所得额，适用税率为20%
    - 符合条件的小型微利企业，减按20%的税率征收企业所得税
    - 国家需要重点扶持的高新技术企业，减按15%的税率征收企业所得税
  - 应纳税额计算
    - 应纳税额=应纳税所得额×所得税税率-减免和抵免的税

实战训练

1. 下列各项收入中，属于企业所得税免税收入的是（　　）。

A. 转让财产收入　　B. 接受捐赠收入

C. 国债利息收入　　D. 提供劳务收入

答案：C

2. 根据我国现行规定，计算企业所得税时，应纳税所得额中不得扣除的包括有（　　）。

A. 弥补以前年度的亏损　　B. 税收滞纳金

C. 各种赞助支出　　D. 年度利润总额 12% 以内的公益性捐赠

E. 向投资者支付的股息

答案：BCE

三、城市维护建设税与教育费附加

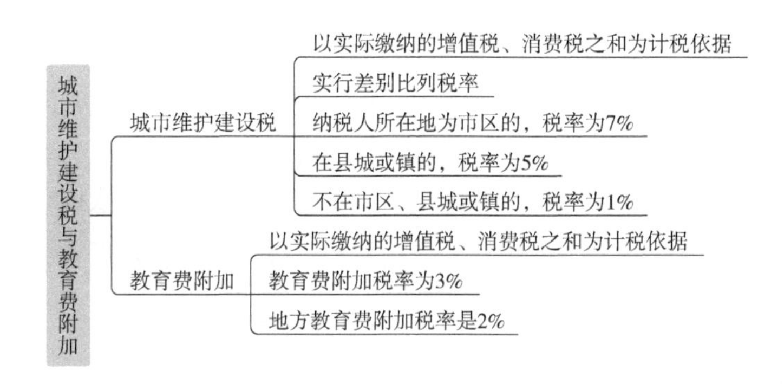

实战训练

1. 下列税率中，采用差别比例税率的是（　　）。

A. 土地增值税　　B. 城镇土地使用税

C. 建筑业增值税　　D. 城市维护建设税

答案：D

2. 纳税人所在地区为市区的，城市维护建设税的税率是（　　）。

A. 1%　　B. 3%

C. 5%　　D. 7%

答案：D

四、房产税

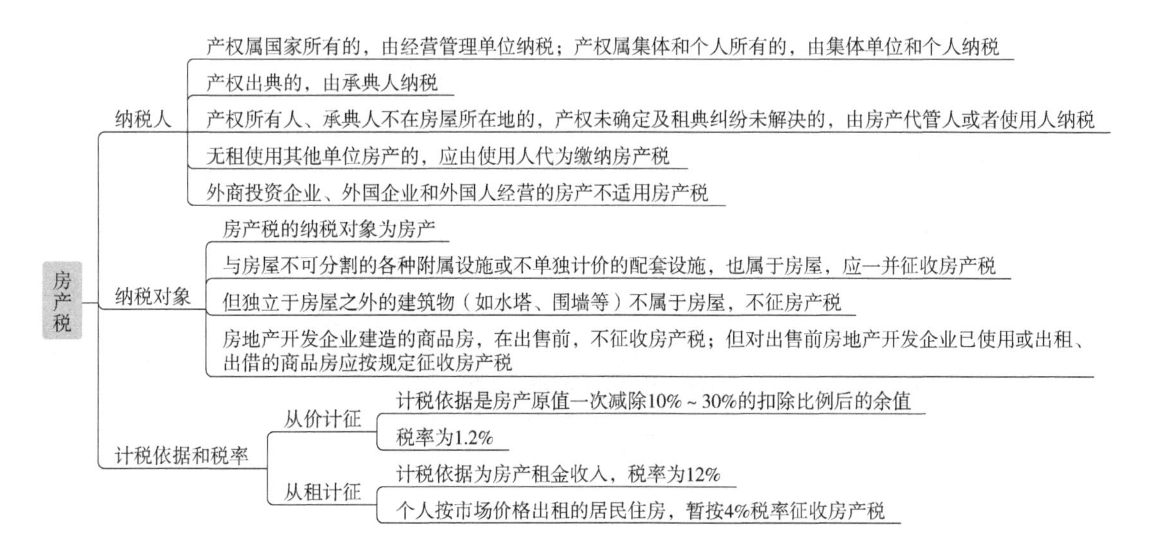

实战训练

下列关于房产税计税依据的说法中，正确的是（　　）。

A. 融资租赁房屋的，以房产余值为计税依据

B. 融资租赁房屋的，以房产原值为计税依据

C. 以房产联营投资、共担经营风险的，以房产原值为计税依据

D. 以房产联营投资、不承担经营风险的，以房产余值为计税依据

答案： A

五、城镇土地使用税

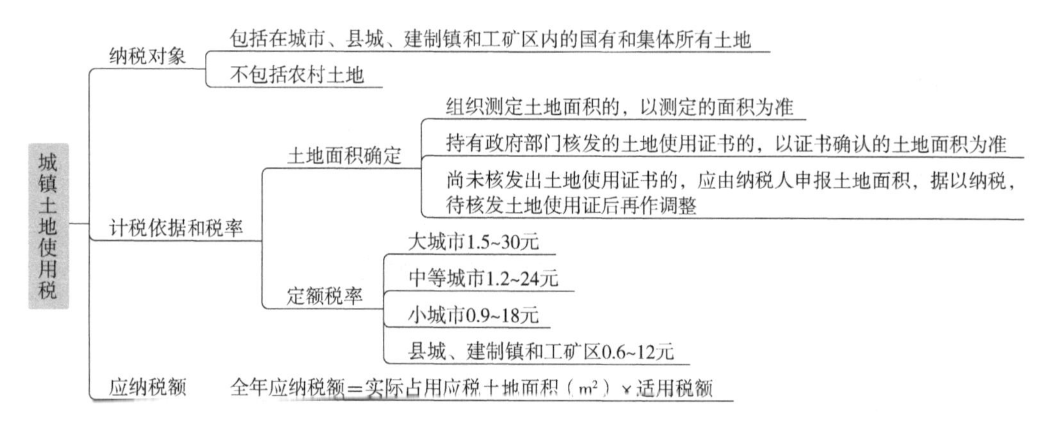

实战训练

我国城镇土地使用税采用的税率是（　　）。

A. 定额税率　　B. 超率累进税率

C. 幅度税率　　D. 差别比例税率

答案： A

六、土地增值税

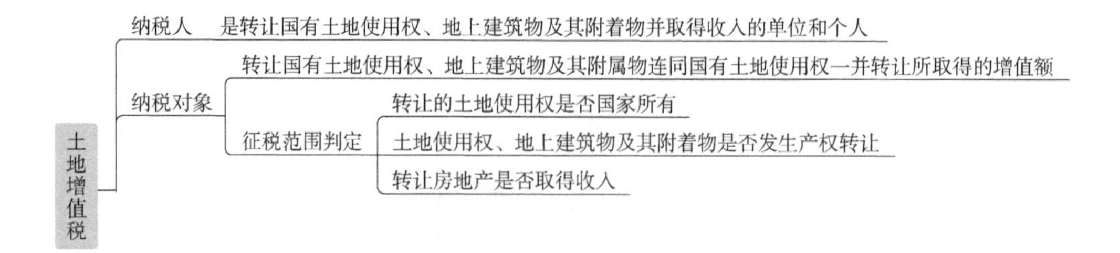

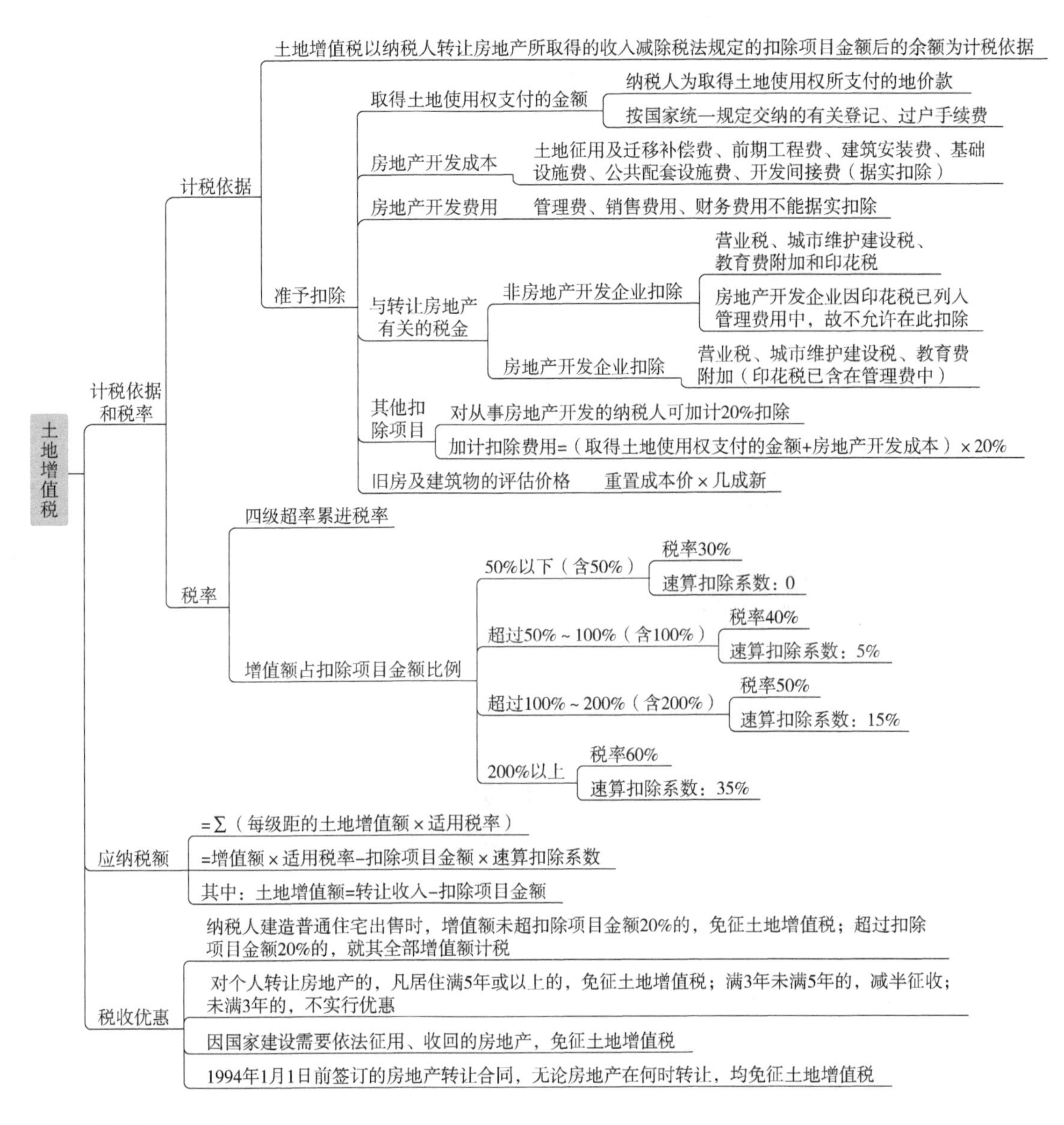

实战训练

1. 根据我国现行规定，土地增值税实行（　　）。

A. 四级超率累进税率　　B. 差别比例税率

C. 五级超率累进税率　　D. 定额税率

答案：A

2. 计算土地增值税时，允许从房地产转让收入中扣除的项目有（　　）。

A. 取得土地使用权支付的金额　　B. 旧房及建筑物的评估价格

C. 与转让房地产有关的税金　　D. 房地产开发利润

E. 房地产开发成本

答案：ABCE

七、契税

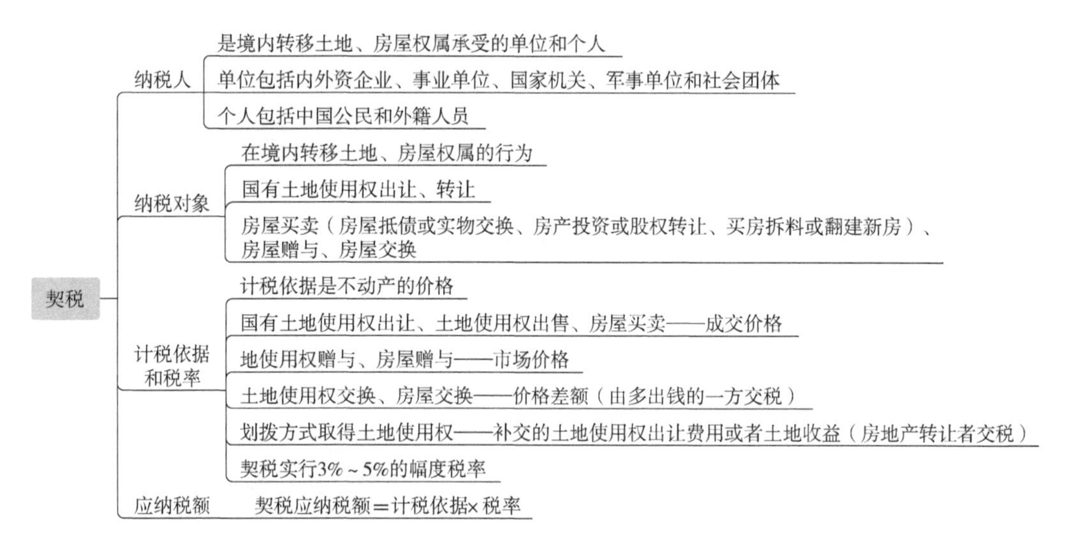

实战训练

按现行规定，属于契税征收对象的行为有（　　）。

A. 房屋建造　　B. 房屋买卖

C. 房屋出租　　D. 房屋赠与

E. 房屋交换

答案：BDE

考点二：与工程项目有关的保险规定

一、建筑工程一切险

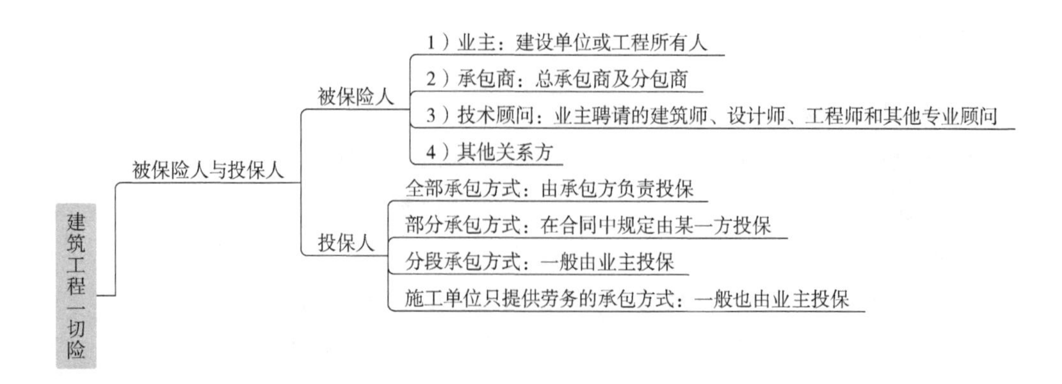

- 建筑工程一切险
  - 保险项目与保险金额
    - 保险项目
      - 物质损失部分、第三者责任及附加险三部分
    - 物质损失
      - 建筑工程：包括永久和临时性工程及无聊，是建筑工程保修的主要保险项目
      - 该部分保险金额为承包工程合同的总金额，也即建成该项工程的实际价格，包括设计费、材料设备费、施工费（人工及施工设备费）、运杂费、税款及其他有关费用
      - 业主提供的物料及项目
      - 安装工程项目
        - 是指承包工程合同中未包含的机器设备安装工程项目
        - 该项目的保险金额为其重置价值
        - 所占保额不应超过总保险金额的20%
        - 超过20%的按安装工程一切险费率计收保费
        - 超过50%，则另投保安装工程一切险
      - 施工用机器、装置及设备
      - 场地清理费
      - 工地内现成的建筑物
      - 业主或承包商在工地上的其他财产
      - 不保险项目
    - 第三者责任
      - 被保险人在工程保险期内因意外事故造成工地及工地附近的第三者人身伤亡或财产损失依法应负的赔偿责任

实战训练

建筑工程一切险中，安装工程项目的保险金额是该项目的（　　）。

A. 概算造价　　B. 结算造价

C. 重置价值　　D. 实际价值

答案：C

- 物质损失的保险责任与除外责任
  - 责任范围
    - ①因发生除外责任之外的任何自然灾害或意外事故造成的物质损失，保险人应负责赔偿
    - 自然灾害：地震、台风、洪水、冻灾、冰雹、地面下陷下沉等；意外事故：火灾、爆炸等
    - ②包括必要的场地清理费用和专业费用等，也包括被保险人采取施救措施而支出的合理费用
  - 除外责任
    - ①设计错误引起的损失和费用
    - ②自然磨损、内在或潜在缺陷、物质本身变化、自燃、自热、氧化、锈蚀、渗漏、鼠咬、虫蛀、大气（气候或气温）变化、正常水位变化或其他渐变原因造成的被保险财产自身的损失和费用
    - ③因原材料缺陷或工艺不善引起的被保险财产本身的损失以及为换置、修理或矫正这些缺点、错误所支付的费用
    - ④非外力引起的机械或电气装置的本身损失，或施工用机具、设备、机械装置失灵造成的本身损失
    - ⑤维修保养或正常检修的费用
    - ⑥档案、文件、账簿、票据、现金、各种有价证券、图表资料及包装物料的损失
    - ⑦盘点时发现的短缺
    - ⑧领有公共运输行驶执照的，或已由其他保险予以保障的车辆、船舶和飞机的损失
    - ⑨除已将工地内现成的建筑物或其他财产列入保险范围，在被保险工程开始以前已经存在或形成的位于工地范围内或其周围的属于被保险人的财产的损失
    - ⑩除非另有约定，在保险期限终止以前，被保险财产中已由工程所有人签发完工验收证书或验收合格或实际占有或使用或接收的部分

实战训练

1. 对建筑工程一切险而言，保险人对（　　）造成的物质损失不承担赔偿责任。

A. 自然灾害　　B. 意外事故

C. 突发事件　　D. 自然磨损

答案：D

2. 对于投保建筑工程一切险的工程项目，下列情形中，保险人不承担赔偿责任的有（　　）。

A. 因台风使工地范围内建筑物损毁

B. 工程停工引起的任何损失

C. 因暴雨引起地面下陷，造成施工用起重机损毁

D. 因恐怖袭击引起的任何损失

E. 工程设计错误引起的损失

答案：BDE

第三者责任的保险责任与除外责任

- 责任范围
  - ①在保险期限内，因发生与承保工程直接相关的意外事故引起工地内及邻近区域的第三者人身伤亡、疾病或财产损失，依法应由被保险人承担的经济赔偿责任，保险公司负责赔偿
  - ②对被保险人因上述原因而支付的诉讼费用以及事先经保险公司书面同意而支付的其他费用，保险公司亦负责赔偿
- 除外责任
  - ①物质损失项下或本应在该项下予以负责的损失及各种费用
  - ②由于震动、移动或减弱支撑而造成的任何财产、土地、建筑物的损失及由此造成的任何人身伤害和物质损失
  - ③下列原因引起的赔偿责任
    - 工程所有人、承包商或其他关系方或他们所雇佣的在工地现场从事与工程有关工作的职员、工人以及他们的家庭成的人身伤亡或疾病
    - 工程所有人、承包商或其他关系方或他们所雇佣的职员、工人所有的或由其照管、控制的财产发生的损失
    - 领有公共运输行驶执照的车辆、船舶、飞机造成的事故
    - 被保险人根据与他人的协议应支付的赔偿或其他款项。但即使没有这种协议，被保险人仍应承担的责任不在此限
- 总除外责任
  - 战争、类似战争行为、敌对行为、武装冲突、恐怖活动、谋反、政变引起的任何损失、费用和责任
  - 政府命令或任何公共当局的没收、征用、销毁或毁坏；罢工、暴动、民众骚乱引起的任何损失、费用和责任
  - 被保险人及其代表的故意行为或重大过失引起的任何损失、费用和责任
  - 核裂变、核聚变、核武器、核材料、核辐射及放射性污染引起的任何损失、费用和责任
  - 大气、土地、水污染及其他各种污染引起的任何损失、费用和责任
  - 工程部分停工或全部停工引起的任何损失、费用和责任
  - 罚金、延误、丧失合同及其他后果损失
  - 保险单明细表或有关条款中规定的应由被保险人自行负担的免赔额

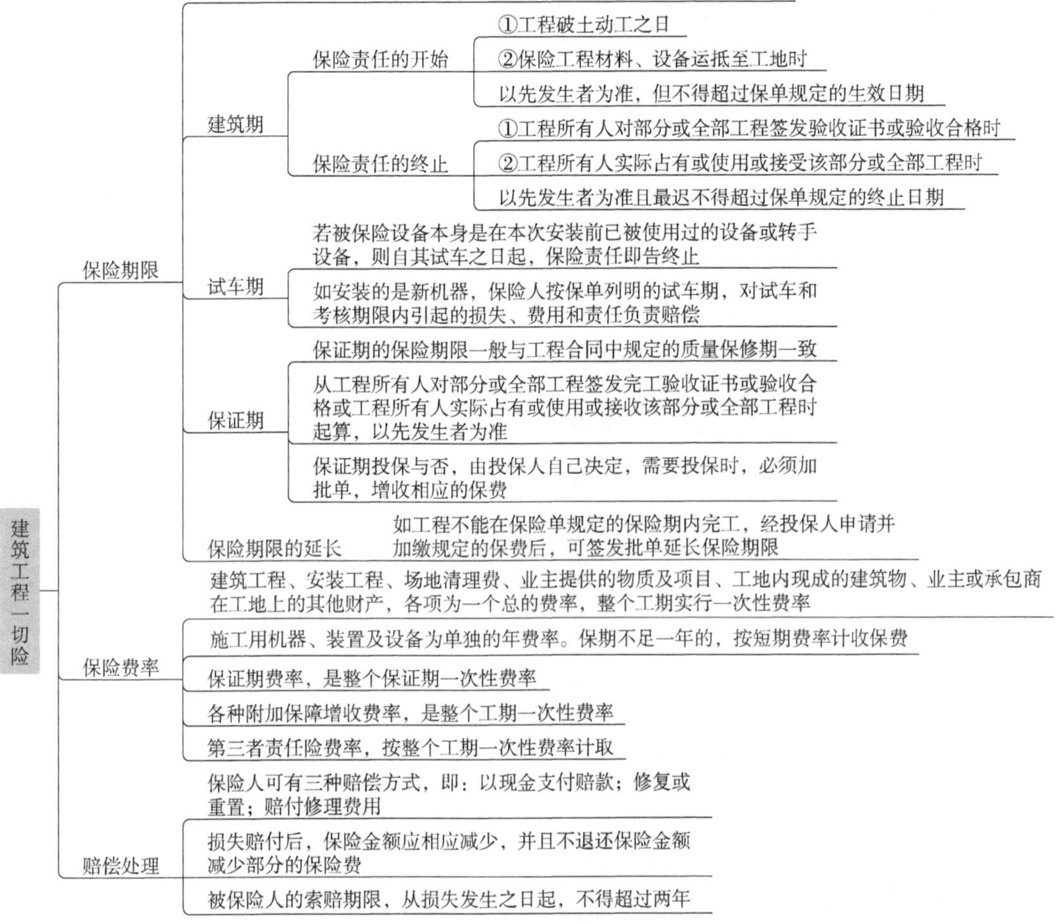

实战训练

1. 可作为建筑工程一切险保险项目的是（　　）。

A. 施工用设备　　B. 公共运输车辆

C. 技术资料　　D. 有价证券

解析：A

2. 下列关于建筑工程一切险赔偿处理的说法中，正确的是（　　）。

A. 被保险人的索赔期限，从损失发生之日起，不得超过 1 年

B. 保险人的赔偿必须采用现金支付方式

C. 保险人对保险财产造成的损失赔付后，保险金额应相应减少

D. 被保险人为减少损失而采取措施所发生的全部费用，保险人应予赔偿

答案：C

3. 建筑工程一切险的保险人可采取的赔付方式有（　　）。

A. 重置　　B. 修复

C. 返还保险费　　　　　　　　D. 延长保修期限

E. 赔付修理费用

答案： ABE

二、安装工程一切险

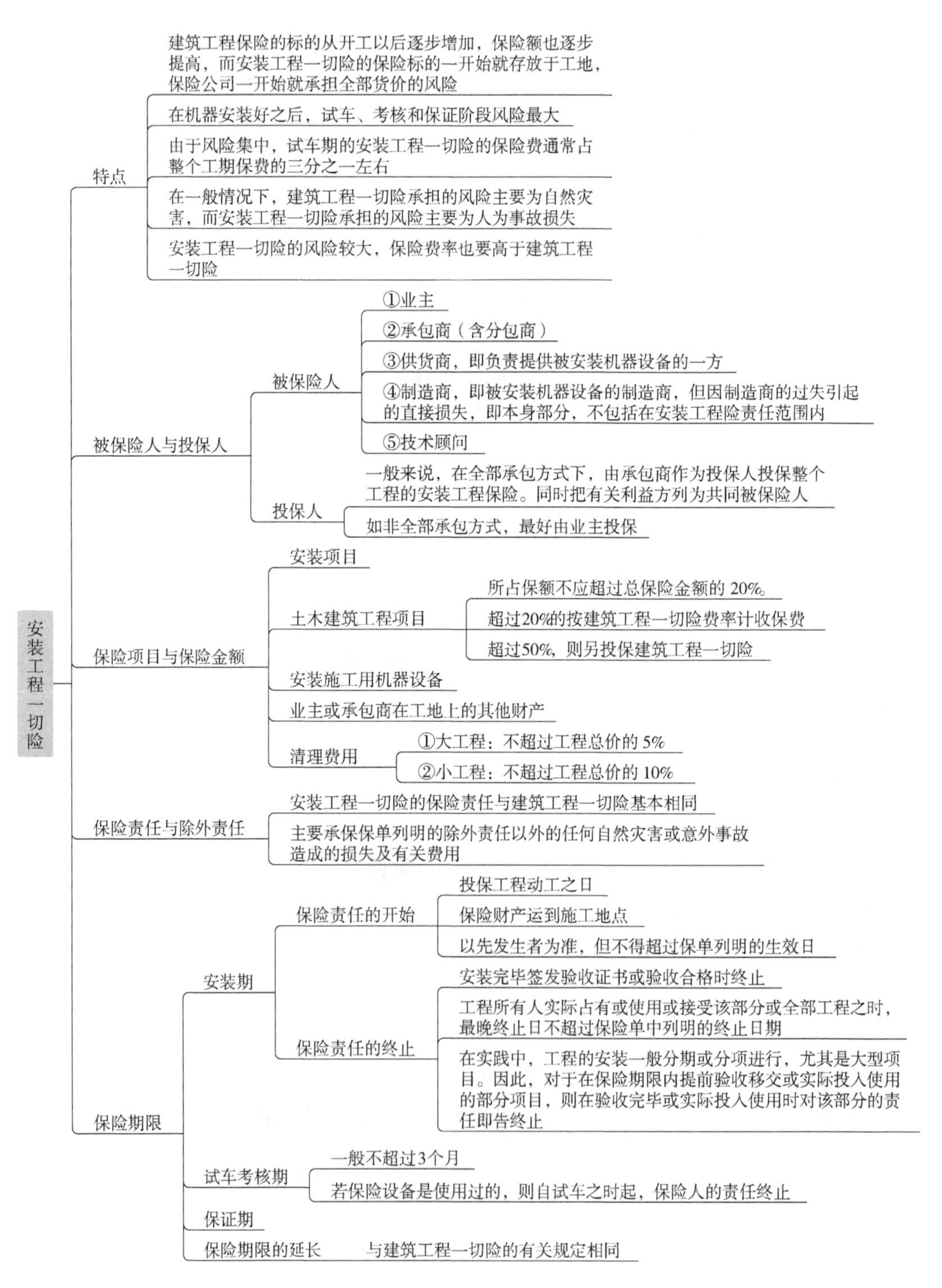

实战训练

1. 一般情况下，安装工程一切险承担的风险主要是（　　）。

A. 自然灾害损失　　B. 人为事故损失

C. 社会动乱损失　　D. 设计错误损失

答案：B

2. 对于投保安装工程一切险的工程，保险人应对（　　）承担责任。

A. 因工艺不善引起生产设备损坏的损失

B. 因冰雪造成工地临时设施损坏的损失

C. 因铸造缺陷更换铸件造成的损失

D. 因超负荷烧坏电气用具本身的损失

答案：B

三、工伤保险

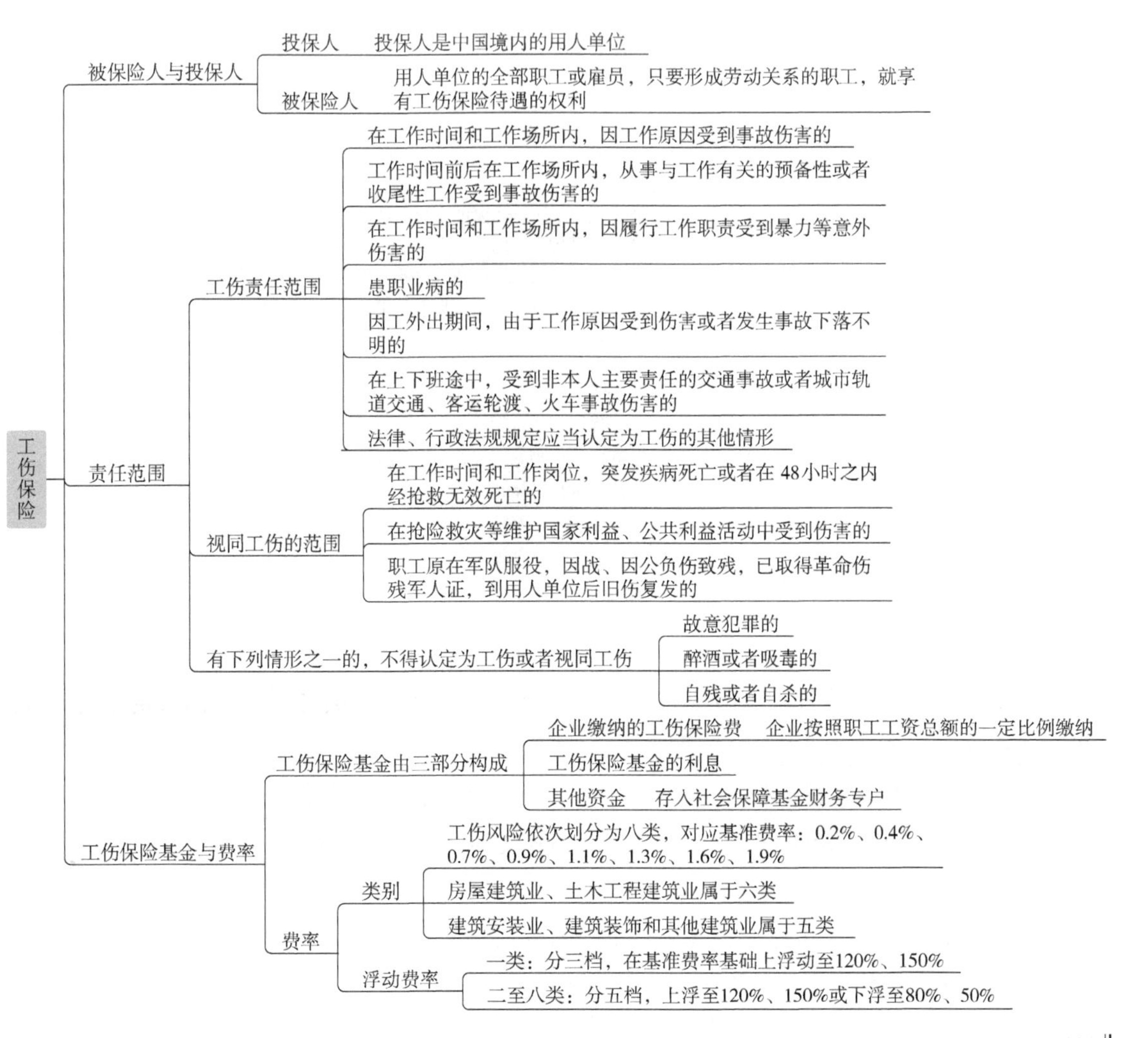

实战训练

1. 关于中华人民共和国境内用人单位投保工伤保险的说法，正确的是（　　）。

A. 需为本单位全部职工缴纳工伤保险费率

B. 只需为与本单位订立书面劳动合同的职工投保

C. 只需为本单位长期用工缴纳工伤保险费

D. 可以只为本单位危险作业岗位人员投保

答案： A

2. 根据《关于调整工伤保险费率政策的通知》，土木工程建筑业工伤保险的基准费率应控制在用人单位职工工资总额的（　　）左右。

A. 0.9%　　B. 1.1%　　C. 1.3%　　D. 1.6%

答案： C

四、建筑意外伤害保险

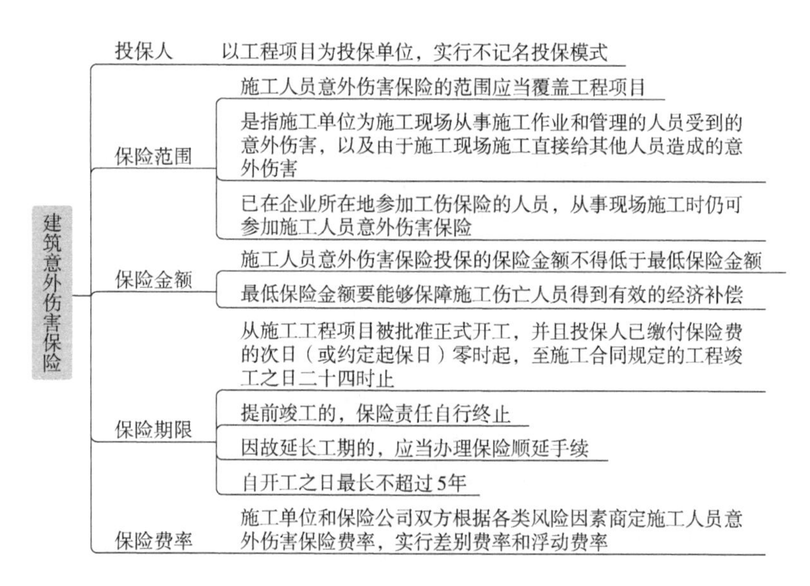

实战训练

1. 投保施工人员意外伤害险，施工单位与保险公司双方根据各类风险因素商定保险费率，实行（　　）。

A. 差别费率和最低费率　　B. 浮动费率和标准费率

C. 标准费率和最低费率　　D. 差别费率和浮动费率

答案： D

2. 关于建筑意外伤害保险的说法，正确的有（　　）。

A. 建筑意外伤害保险以工程项目为投保单位

B. 建筑意外伤害保险应实行记名制投保方式

C. 建筑意外伤害保险实行固定费率

D. 建筑意外伤害保险不只局限于施工现场作业人员

E. 建筑意外伤害保险期间自开工之日起最长不超过五年

答案：ADE

第六章

工程造价管理及其基本制度

近三年考题分值分布

考试年份	2019 年			2020 年			2021 年		
章节	单选题	多选题	分值	单选题	多选题	分值	单选题	多选题	分值
第六章　工程建设全过程造价管理	12	4	20	12	8	20	13	6	25
第一节　决策阶段造价管理	2	1	4	3	1	5	3	2	7
第二节　设计阶段造价管理	2	0	2	2	1	4	2	0	2
第三节　发承包阶段造价管理	3	1	5	4	0	4	3	3	9
第四节　施工阶段造价管理	3	2	7	2	2	6	4	1	6
第五节　竣工阶段造价管理	2	0	2	1	0	1	1	0	1

第一节　决策阶段造价管理

核心考点

考点一：工程项目策划

考点二：工程项目经济评价

一、工程项目经济评价的内容、方法和原则

二、工程项目财务评价

三、工程项目经济分析

考点三：工程项目经济评价报表的编制

考点一：工程项目策划

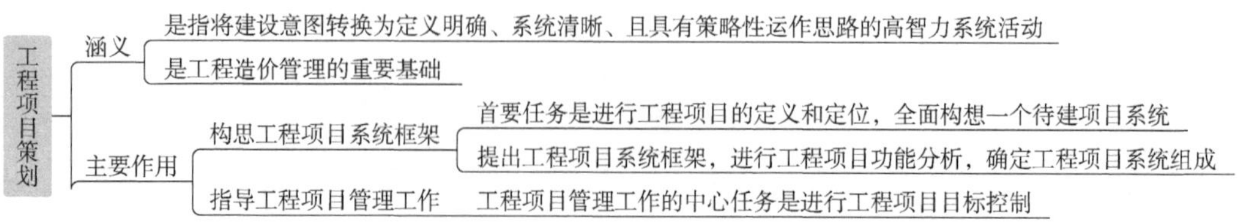

工程项目策划
- 涵义
  - 是指将建设意图转换为定义明确、系统清晰、且具有策略性运作思路的高智力系统活动
  - 是工程造价管理的重要基础
- 主要作用
  - 构思工程项目系统框架
    - 首要任务是进行工程项目的定义和定位，全面构想一个待建项目系统
    - 提出工程项目系统框架，进行工程项目功能分析，确定工程项目系统组成
  - 指导工程项目管理工作
    - 工程项目管理工作的中心任务是进行工程项目目标控制

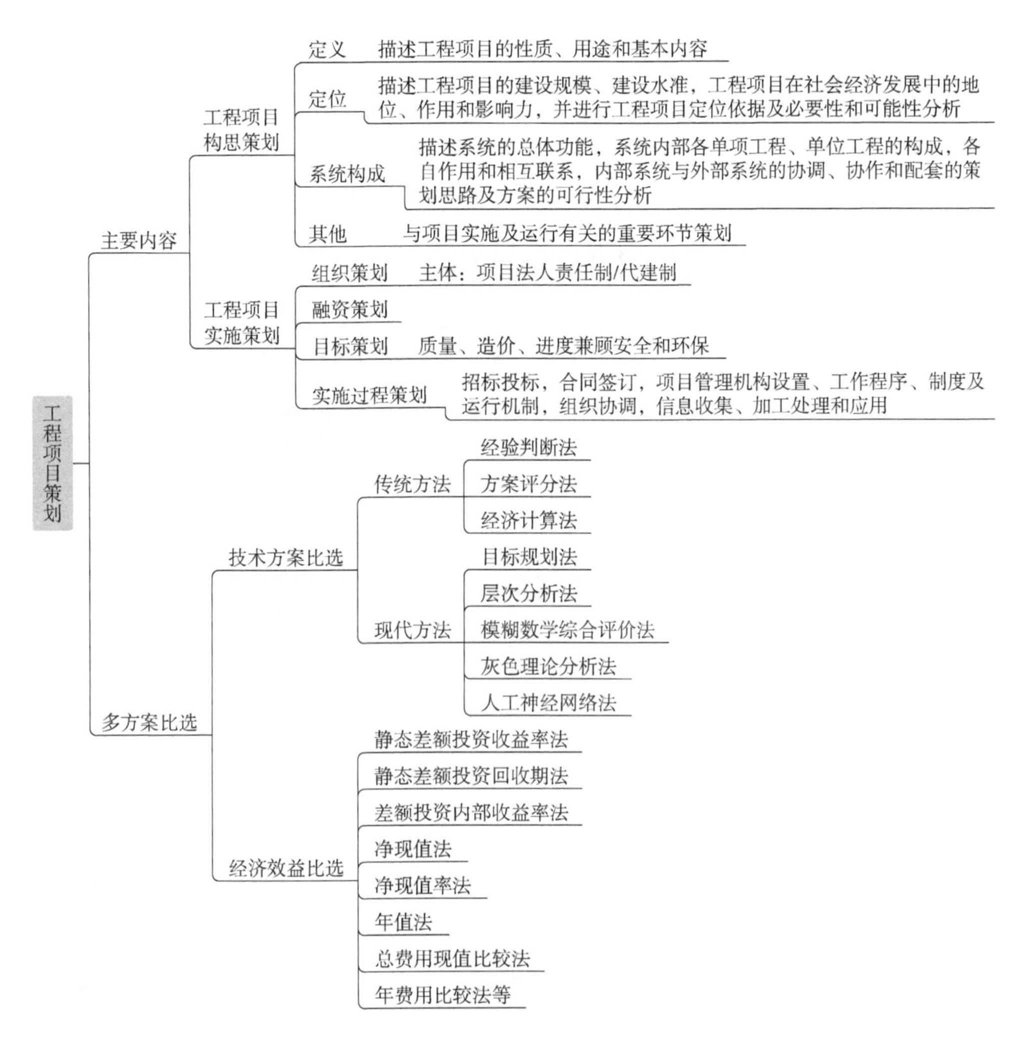

实战训练

1. 下列工程项目策划内容中，属于项目实施策划的是（　　）。

A. 项目系统构成策划　　B. 项目定位策划

C. 工程项目的定义　　D. 项目融资策划

答案：D

2. 针对政府投资的非经营性项目是否采用代建制的策划，属于工程项目的（　　）策划。

A. 目标　　B. 构思　　C. 组织　　D. 控制

答案：C

3. 下列工程项目策划内容中，属于工程项目实施策划的有（　　）。

A. 工程项目组织策划　　B. 工程项目定位策划

C. 工程项目目标策划　　D. 工程项目融资策划

E. 工程项目功能策划

答案：ACD

考点二：工程项目经济评价

一、工程项目经济评价的内容、方法和原则

- 工程项目经济评价的内容、方法和原则
  - 内容
    - 财务分析：国家现行财税制度和价格体系的前提下，从项目的角度出发，计算项目范围内的财务效益和费用，分析项目的盈利能力和清偿能力，评价项目在财务上的可行性
    - 经济分析：在合理配置社会资源的前提下，从国家经济整体利益的角度出发，计算项目对国民经济的贡献，分析项目的经济效率、效果和对社会的影响，评价项目在宏观经济上的合理性
  - 财务分析与经济分析
    - 联系
      - 财务分析是经济分析的基础
      - 大型工程项目中，经济分析是财务分析的前提
      - 因此，在进行项目投资决策时，既要考虑项目的财务分析结果，更要遵循使国家与社会获益的项目经济分析原则
    - 区别
      - 出发点和目的不同
        - 财务评价：投资者角度
        - 经济分析：国家或地区角度
      - 费用和效益的组成不同
        - 财务评价：和项目直接相关
        - 经济分析：分析对象是给国民经济带来贡献才作为项目的费用和效益
      - 对象不同
        - 财务评价：企业或投资人
        - 经济分析：国民收入增值情况
      - 衡量费用和效益的价格尺度不同
        - 财务评价：市场交易价格
        - 经济分析：影子价格
      - 内容和方法不同
        - 财务评价：企业成本效益分析方法
        - 经济分析：费用和效益分析、成本和效益分析和多目标综合分析方法
      - 采用的评价标准和参数不同
        - 财务分析：净利润、财务净现值、市场利率
        - 经济分析：净收益、经济净现值、社会折现率
      - 时效性不同
        - 财务分析：随着国家财务制度的变更而变化
        - 经济分析：按照经济原则进行评价
  - 内容和方法的选择
    - 对于一般项目，财务分析必不可少，可以不进行经济分析
    - 对于那些关系国家安全、国土开发、市场不能有效配置资源等具有较明显外部效果的项目（一般为政府审批或核准项目）
      - 需要从国家经济整体利益角度来考察项目
      - 并以能反映资源真实价值的影子价格来计算项目的经济效益和费用
      - 通过经济评价指标的计算和分析，得出项目是否对整个社会经济有益的结论
    - 对于特别重大的工程项目，除进行财务分析与经济费用效益分析外，还应专门进行项目对区域经济或宏观经济影响的研究和分析
  - 遵循的基本原则
    - “有无对比”原则
    - 效益与费用计算口径对应一致的原则
    - 收益与风险权衡的原则
    - 定量分析与定性分析相结合，以定量分析为主的原则
    - 动态分析与静态分析相结合，以动态分析为主的原则

实战训练

1. 在工程项目财务分析和经济分析中，下列关于工程项目投入和产出物价值计量的说法，正确的是（　　）。

A. 经济分析采用影子价格计量，财务分析采用预测的市场交易价格计量

B. 经济分析采用预测的市场交易价格计量，财务分析采用影子价格计量

C. 经济分析和财务分析均采用预测的市场交易价格计量

D. 经济分析和财务分析均采用影子价格计量

答案：A

2. 工程项目经济评价包括财务分析和经济分析，其中财务分析采用的标准和参数是（　　）。

A. 市场利率和净收益　　B. 社会折现率和净收益

C. 市场利率和净利润　　D. 社会折现率和净利润

答案：C

3. 进行工程项目经济评价，应遵循（　　）权衡的基本原则。

A. 费用与效益　　B. 收益与风险

C. 静态与动态　　D. 效率与公平

答案：B

二、工程项目财务评价

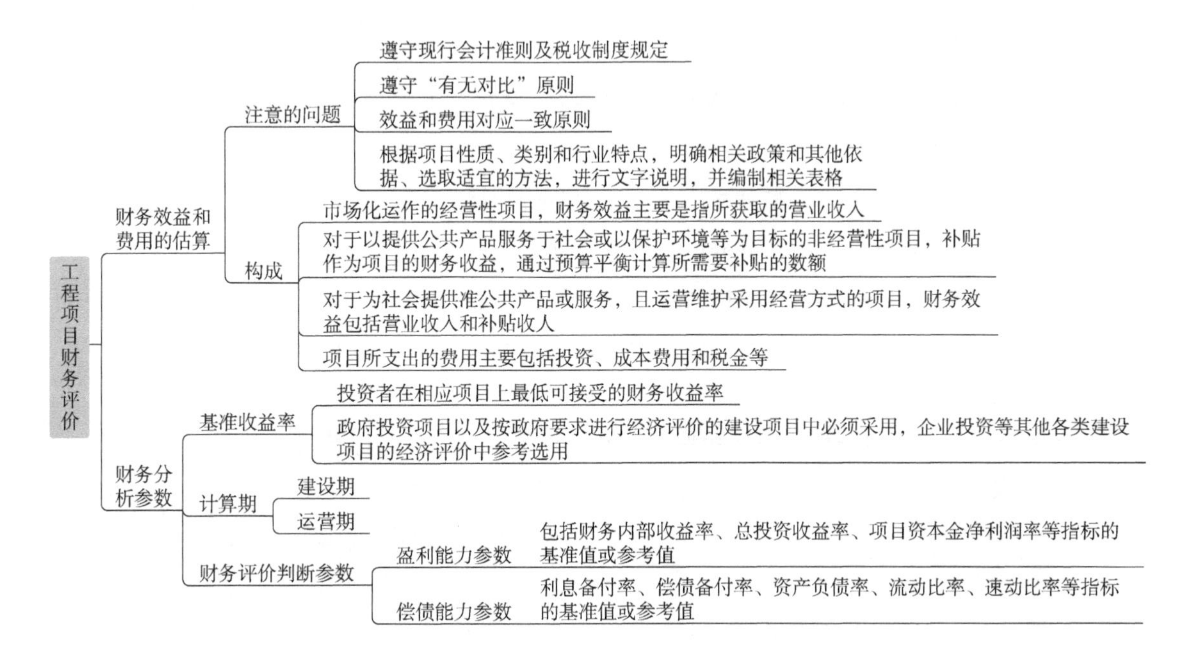

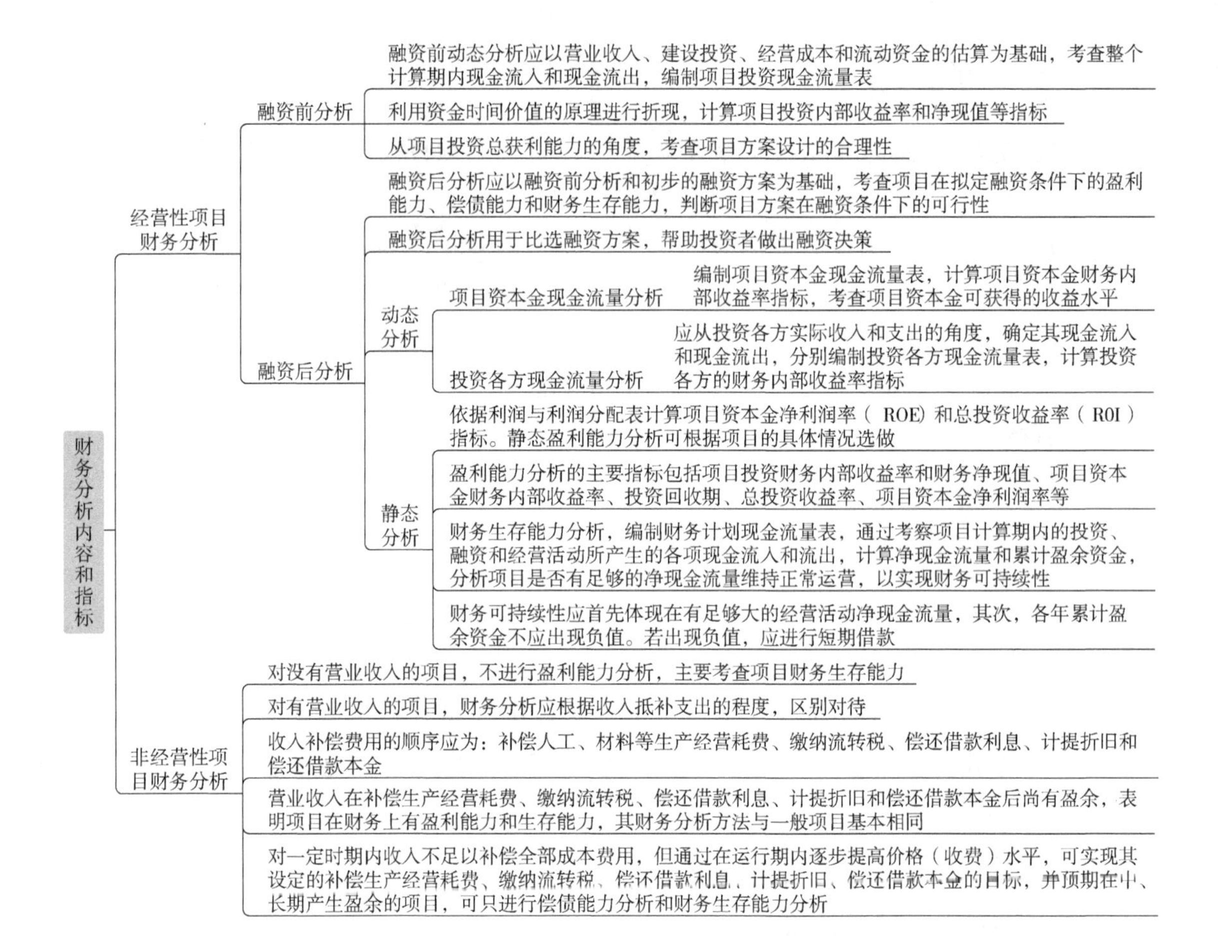

实战训练

1. 经营性项目财务分析可分为融资前分析和融资后分析，关于融资前分析和融资后分析的说法中，正确的是（　　）。

A. 融资前分析应以静态分析为准，动态分析为辅

B. 融资后分析只进行动态分析，不考虑静态分析

C. 融资前分析应以动态分析为主，静态分析为辅

D. 融资后分析只进行静态分析，不考虑动态分析

答案：C

2. 进行工程项目财务评价时，可用于判断项目偿债能力的指标是（　　）。

A. 基准收益率　　B. 财务内部收益率

C. 资产负债率　　D. 项目资本金净利润率

答案：C

3. 对有营业收入的非经营性项目进行财务分析时，应以营业收入抵补下列支出：①生产经营耗费；②偿还借款利息；③缴纳流转税；④计提折旧和偿还借款本金，下列正确排序

是（　　）。

A. ①②③④　　B. ①③②④　　C. ③①②④　　D. ①③④②

答案：B

4. 下列财务评价指标中，属于融资前财务分析的指标有（　　）。

A. 项目投资回收期　　B. 项目投资财务净现值

C. 项目资本金财务内部收益率　　D. 项目资本金净利润率

E. 累计盈余资金

答案：AB

三、工程项目经济分析

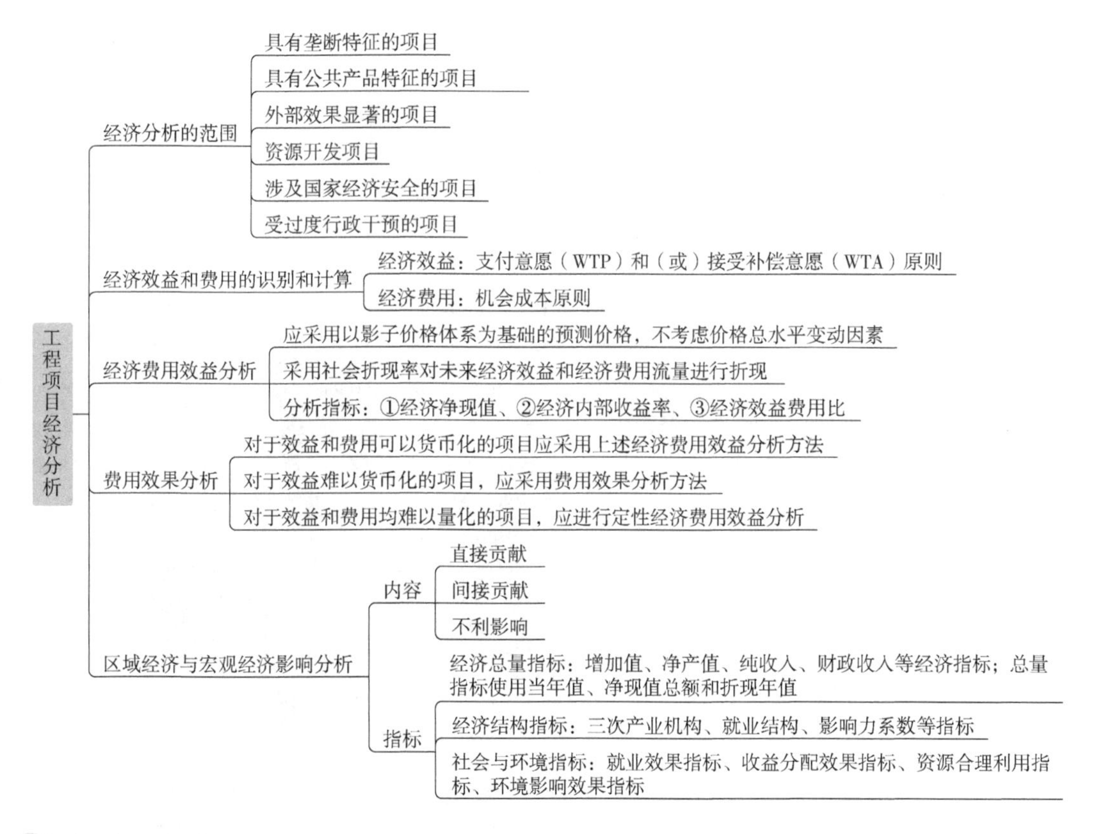

实战训练

工程项目经济分析中，属于社会与环境分析指标的是（　　）。

A. 就业结构　　B. 收益分配效果

C. 财政收入　　D. 三次产业结构

答案：B

考点三：工程项目经济评价报表的编制

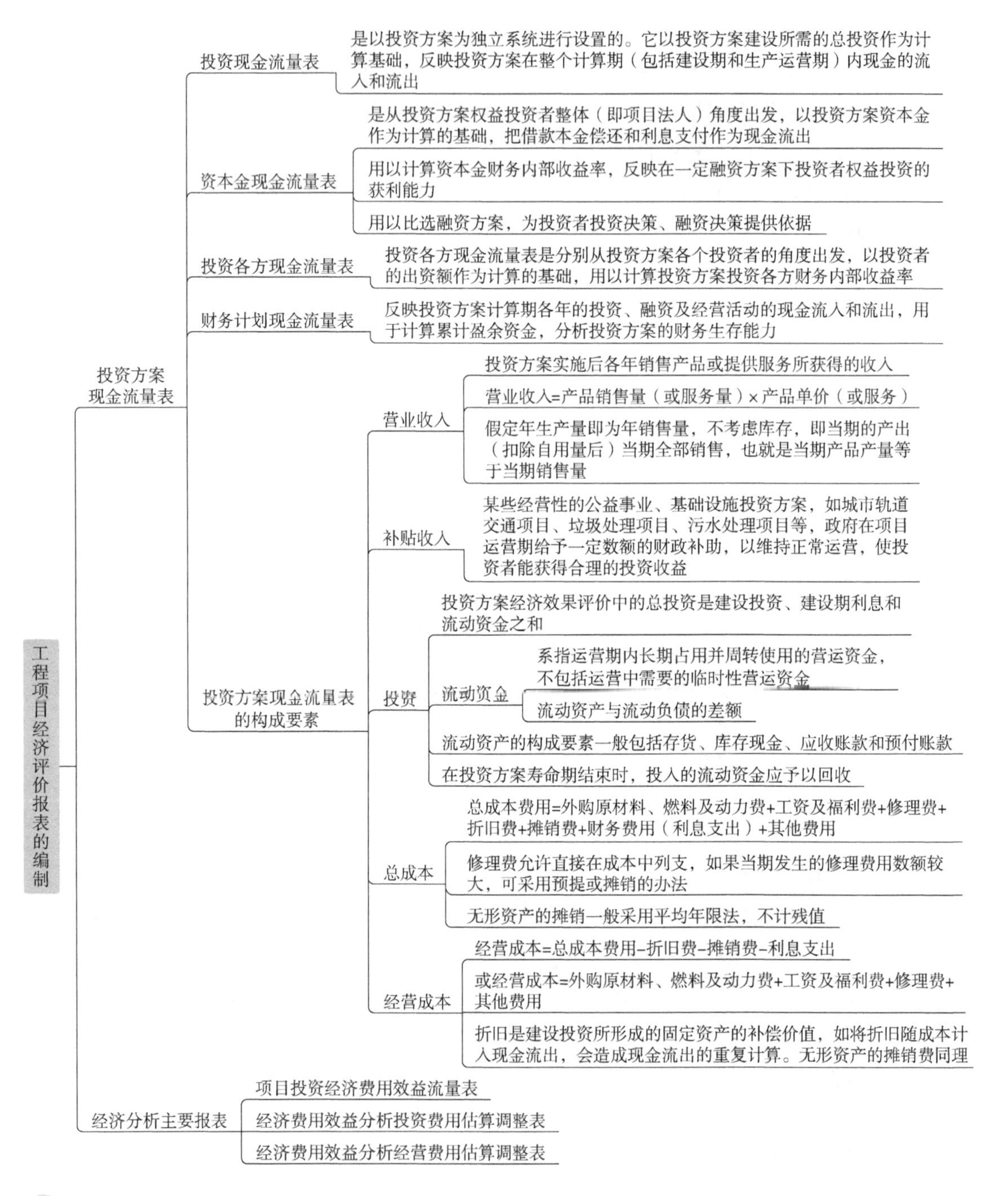

实战训练

1. 投资方案现金流量表中，可用来考察投资方案融资前的盈利能力，为比较各投资方案建立共同基础的是（　　）。

A. 资本金现金流量表　　B. 投资各方现金流量表

C. 财务计划现金流量表　　D. 投资现金流量表

答案：D

2. 下列财务费用中，在投资方案效果分析中通常只考虑（　　）。

A. 汇兑损失　　B. 汇兑收益

C. 相关手续费　　D. 利息支出

答案：D

3. 某项目在经营年度外购原材料、燃料和动力费为1100万元，工资及福利费为500万元，修理费为50万元，其他费用为40万元，则该项目年度经营成本为（　　）万元。

A. 1600　　B. 1640　　C. 1650　　D. 1690

答案：D

第二节　设计阶段造价管理

核心考点

考点一：限额设计

考点二：设计方案评价与优化

考点三：概预算文件的审查

考点一：限额设计

- 限额设计
  - 工作内容
    - 合理确定限额设计目标
      - 投资决策阶段是限额设计的关键
      - 政府工程而言，投资决策阶段的可行性研究报告是政府部门核准投资总额的主要依据，而批准的投资总额则是进行限额设计的重要依据
      - 应在多方案技术经济分析和评价后确定最终方案，提高投资估算的准确度，合理确定设计限额目标
    - 确定合理的初步设计方案
      - 初步设计阶段需要依据最终确定的可行性研究方案和投资估算
      - 应用价值工程通过多方案技术经济比选，创造出价值较高、技术经济性较为合理的初步设计方案，并将设计概算控制在批准的投资估算内
    - 在概算范围内进行施工图设计
      - 是设计单位的最终成果文件，应按照批准的初步设计方案进行限额设计，施工图预算需控制在批准的设计概算范围内
  - 实施程序
    - 目标制定：限额设计的目标：造价目标、质量目标、进度目标、安全目标及环境目标
    - 目标分解：层层目标分解和限额设计，实现对投资限额的有效控制
    - 目标推进：目标推进通常包括限额初步设计和限额施工图设计
    - 成果评价：成果评价是目标管理的总结阶段
    - 当考虑建设工程全寿命期成本时，按照限额要求设计出的方案未必具有最佳的经济性，此时亦可考虑突破原有限额，重新选择设计方案

实战训练

限额设计需要在投资额度不变的情况下，实现（　　）的目标。

A. 设计方案和施工组织最优化　　B. 总体布局和设计方案最优化

C. 建设规模和投资效益最大化　　D. 使用功能和建设规模最大化

答案： D

考点二：设计方案评价与优化

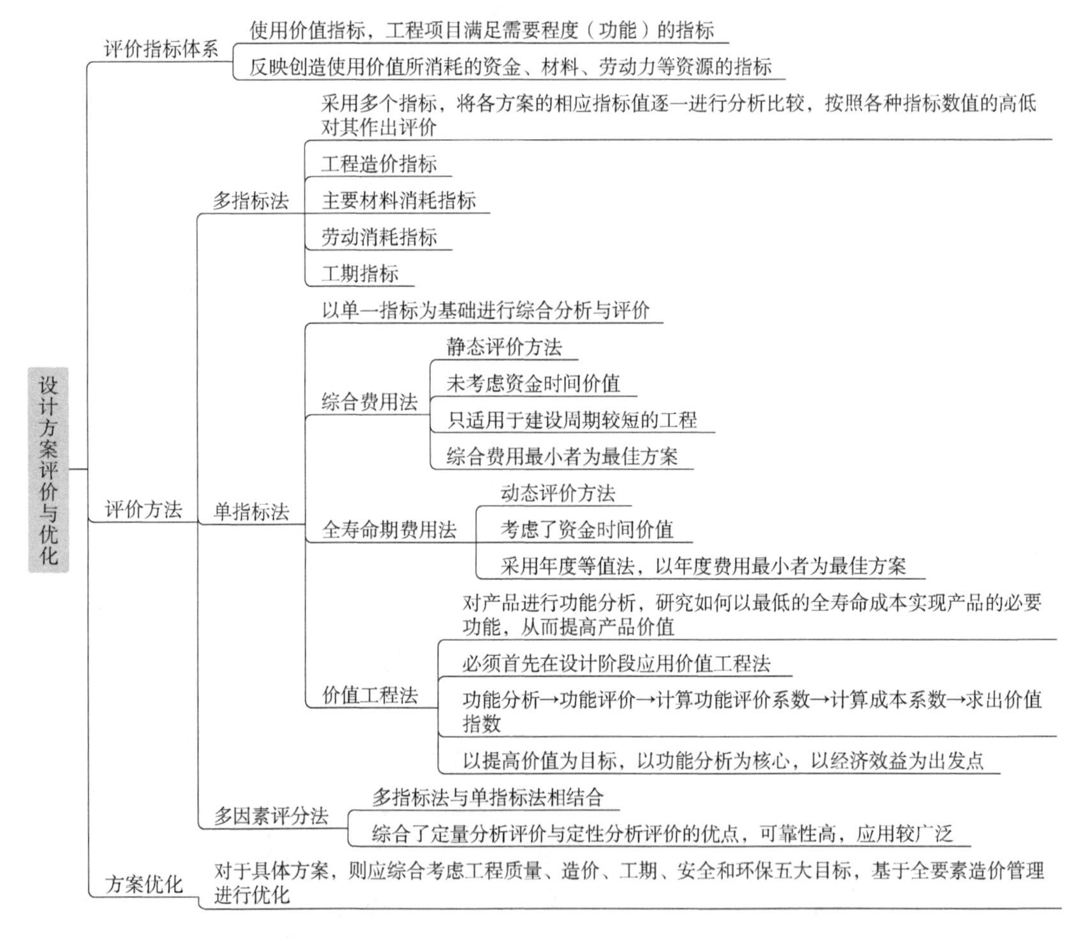

实战训练

1. 限额设计方式中，采用综合费用法评价设计方案的不足是没有考虑（　　）。

A. 投资方案全寿命期费用　　B. 建设周期对投资效益的影响

C. 投资方案投产后的使用费　　D. 资金的时间价值

答案： D

2. 应用价值工程评价设计方案的首要步骤是进行（　　）。

A. 功能分析　　　　B. 功能评价

C. 成本分析　　　　D. 价值分析

答案：A

考点三：概预算文件的审查

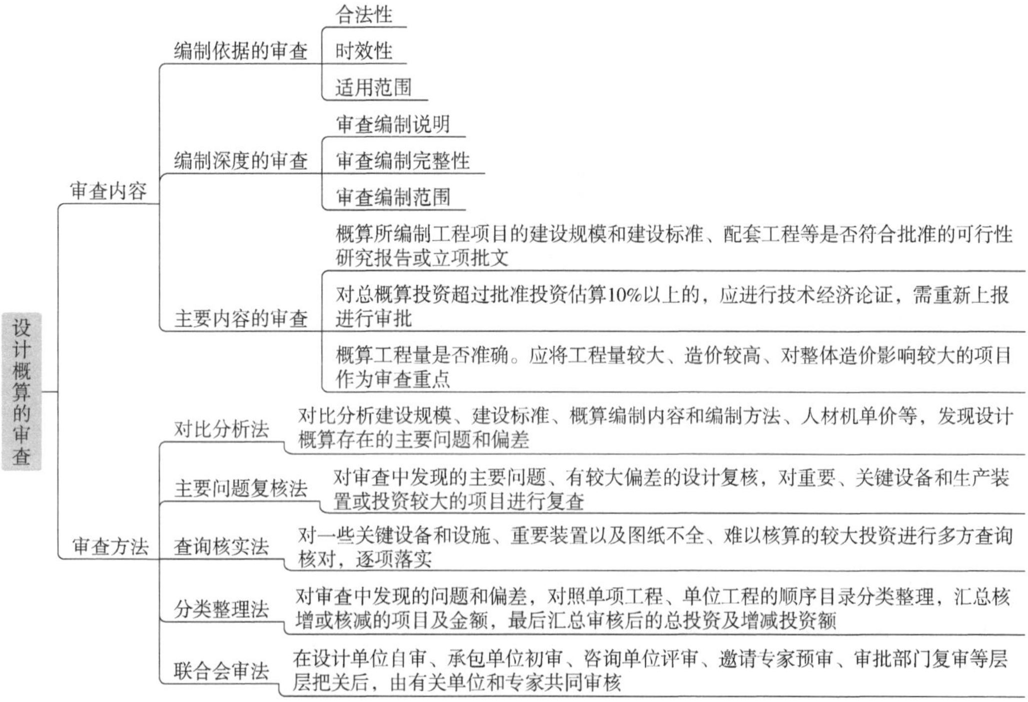

- 设计概算的审查
  - 审查内容
    - 编制依据的审查
      - 合法性
      - 时效性
      - 适用范围
    - 编制深度的审查
      - 审查编制说明
      - 审查编制完整性
      - 审查编制范围
    - 主要内容的审查
      - 概算所编制工程项目的建设规模和建设标准、配套工程等是否符合批准的可行性研究报告或立项批文
      - 对总概算投资超过批准投资估算10%以上的，应进行技术经济论证，需重新上报进行审批
      - 概算工程量是否准确。应将工程量较大、造价较高、对整体造价影响较大的项目作为审查重点
  - 审查方法
    - 对比分析法：对比分析建设规模、建设标准、概算编制内容和编制方法、人材机单价等，发现设计概算存在的主要问题和偏差
    - 主要问题复核法：对审查中发现的主要问题、有较大偏差的设计复核，对重要、关键设备和生产装置或投资较大的项目进行复查
    - 查询核实法：对一些关键设备和设施、重要装置以及图纸不全、难以核算的较大投资进行多方查询核对，逐项落实
    - 分类整理法：对审查中发现的问题和偏差，对照单项工程、单位工程的顺序目录分类整理，汇总核增或核减的项目及金额，最后汇总审核后的总投资及增减投资额
    - 联合会审法：在设计单位自审、承包单位初审、咨询单位评审、邀请专家预审、审批部门复审等层层把关后，由有关单位和专家共同审核

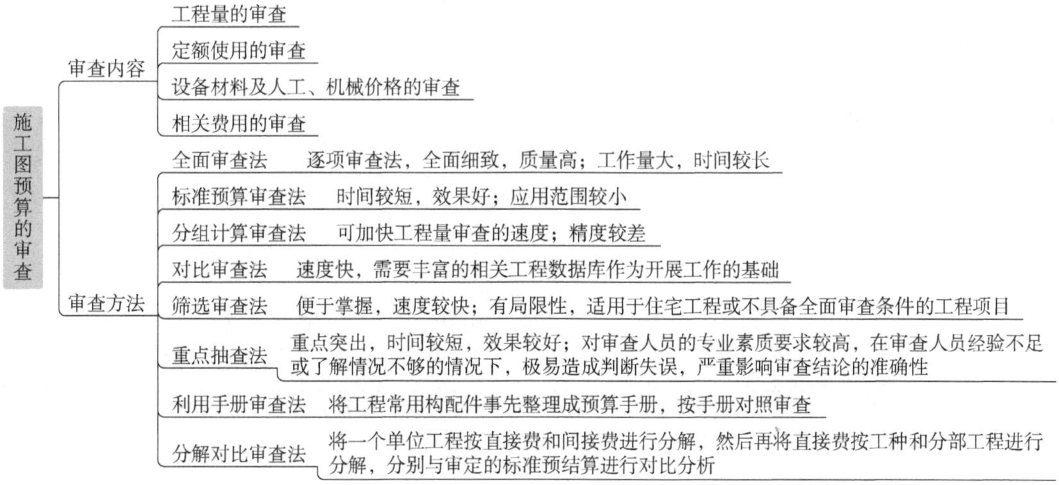

- 施工图预算的审查
  - 审查内容
    - 工程量的审查
    - 定额使用的审查
    - 设备材料及人工、机械价格的审查
    - 相关费用的审查
  - 审查方法
    - 全面审查法：逐项审查法，全面细致，质量高；工作量大，时间较长
    - 标准预算审查法：时间较短，效果好；应用范围较小
    - 分组计算审查法：可加快工程量审查的速度；精度较差
    - 对比审查法：速度快，需要丰富的相关工程数据库作为开展工作的基础
    - 筛选审查法：便于掌握，速度较快；有局限性，适用于住宅工程或不具备全面审查条件的工程项目
    - 重点抽查法：重点突出，时间较短，效果较好；对审查人员的专业素质要求较高，在审查人员经验不足或了解情况不够的情况下，极易造成判断失误，严重影响审查结论的准确性
    - 利用手册审查法：将工程常用构配件事先整理成预算手册，按手册对照审查
    - 分解对比审查法：将一个单位工程按直接费和间接费进行分解，然后再将直接费按工种和分部工程进行分解，分别与审定的标准预结算进行对比分析

实战训练

1. 施工图预算审查方法中，审查速度快但审查精度较差的是（　　）。

A. 标准预算审查法　　B. 对比审查法
C. 分组计算审查法　　D. 全面审查法
答案： C

2. 施工图预算的审查内容有（　　）。
A. 工程量计算的准确性　　B. 定额的准确性
C. 施工图纸的准确性　　D. 材料价格确定的合理性
E. 相关费用确定的准确性
答案： ADE

第三节　发承包阶段造价管理

核心考点

考点一：施工招标方式和程序
考点二：施工招标策划
考点三：施工合同示范文本
一、国内工程施工合同示范文本
二、国际工程施工合同示范文本
考点四：施工投标报价策略
一、基本策略
二、报价技巧
考点五：施工评标与授标

考点一：施工招标方式和程序

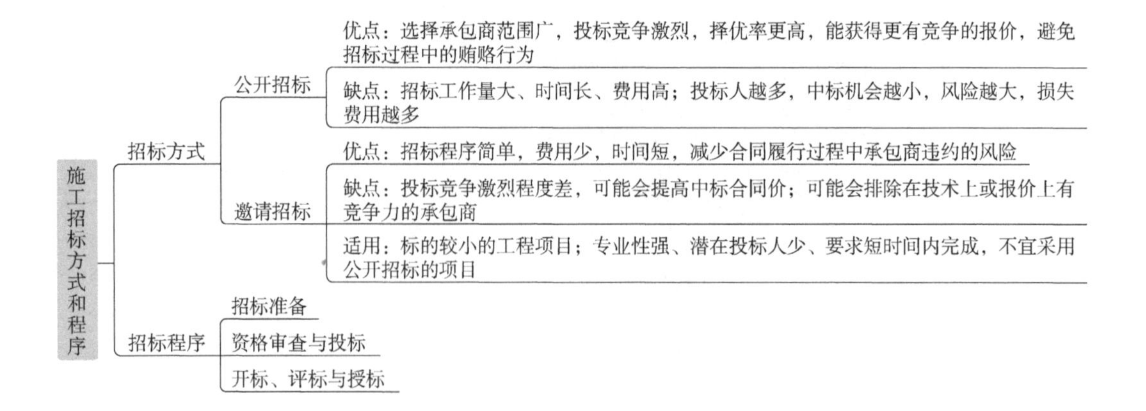

考点二：施工招标策划

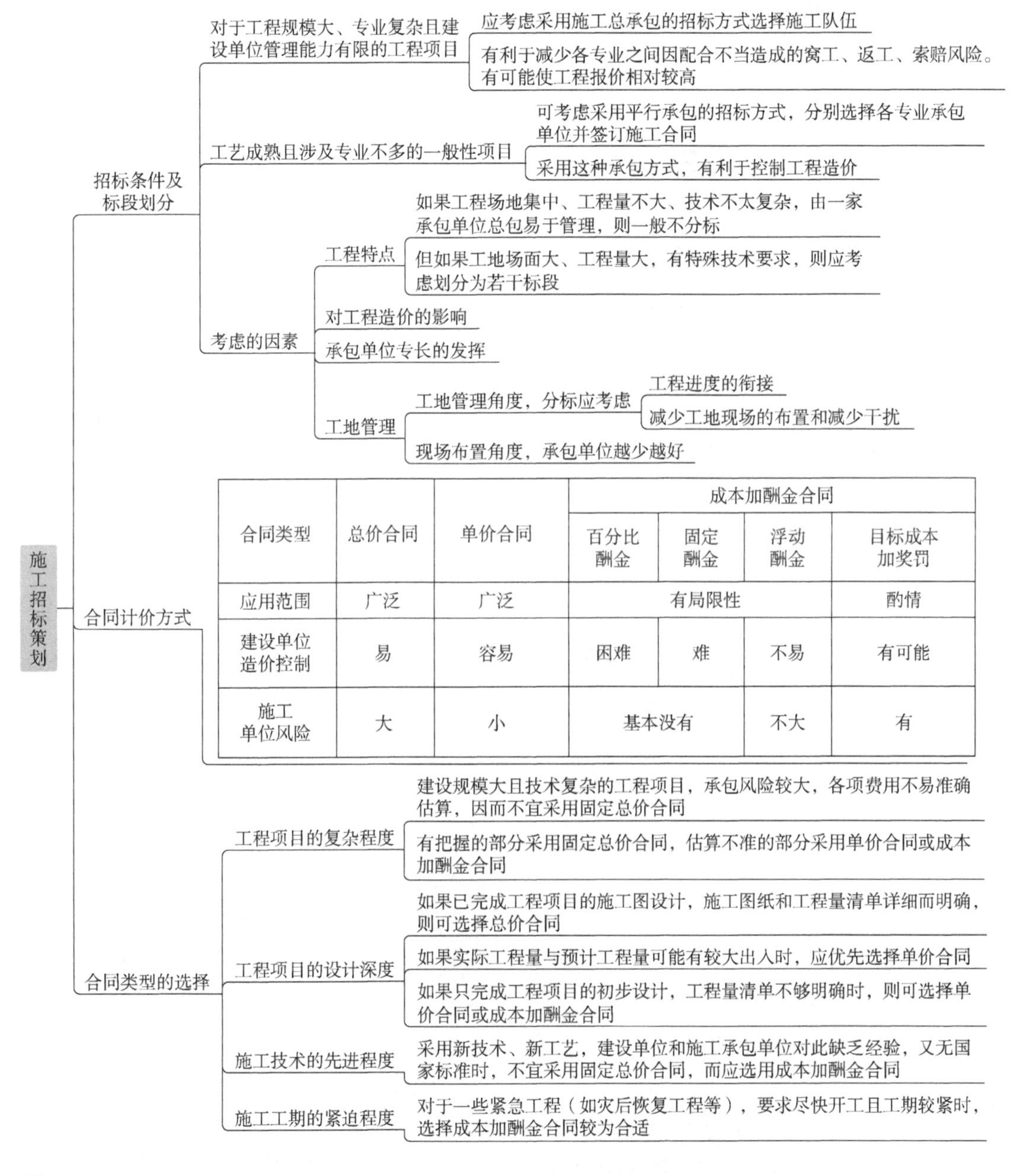

合同类型	总价合同	单价合同	成本加酬金合同			
			百分比酬金	固定酬金	浮动酬金	目标成本加奖罚
应用范围	广泛	广泛	有局限性			酌情
建设单位造价控制	易	容易	困难	难	不易	有可能
施工单位风险	大	小	基本没有		不大	有

实战训练

1. 下列不同计价方式的合同中，施工承包单位承担风险相对较大的是（　　）。

A. 成本加固定酬金合同　　B. 成本加浮动酬金合同

C. 单价合同　　D. 总价合同

答案：D

2. 实际工程量与统计工程量可能有较大出入时，建设单位应采用的合同计价方式是（　　）。

A. 单价合同　　B. 成本加固定酬金合同

C. 总结合同　　D. 成本加浮动酬金合同

答案：A

考点三：施工合同示范文本

一、国内工程施工合同示范文本

1.《标准施工招标文件》（2007年版）中的合同条款

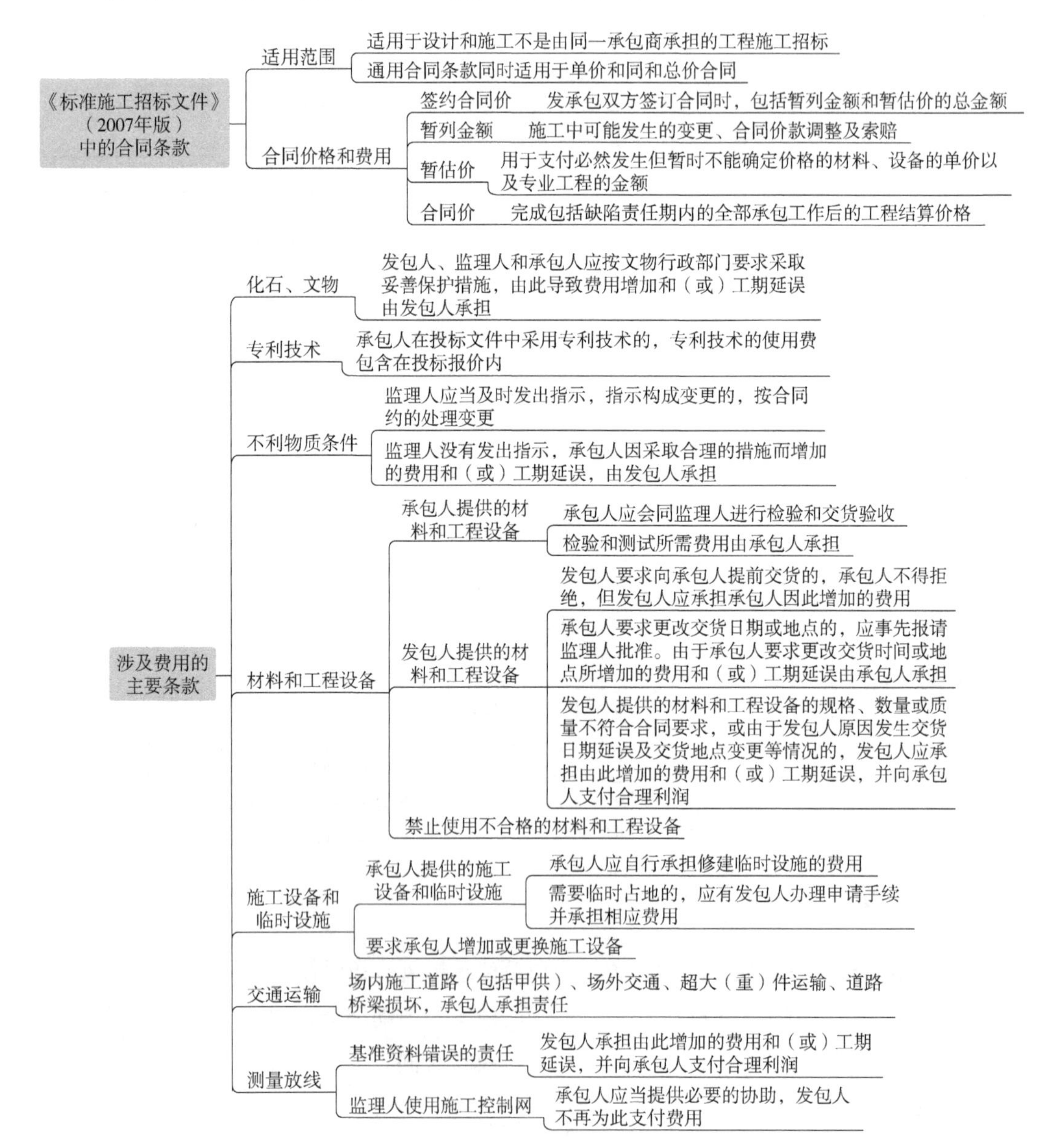

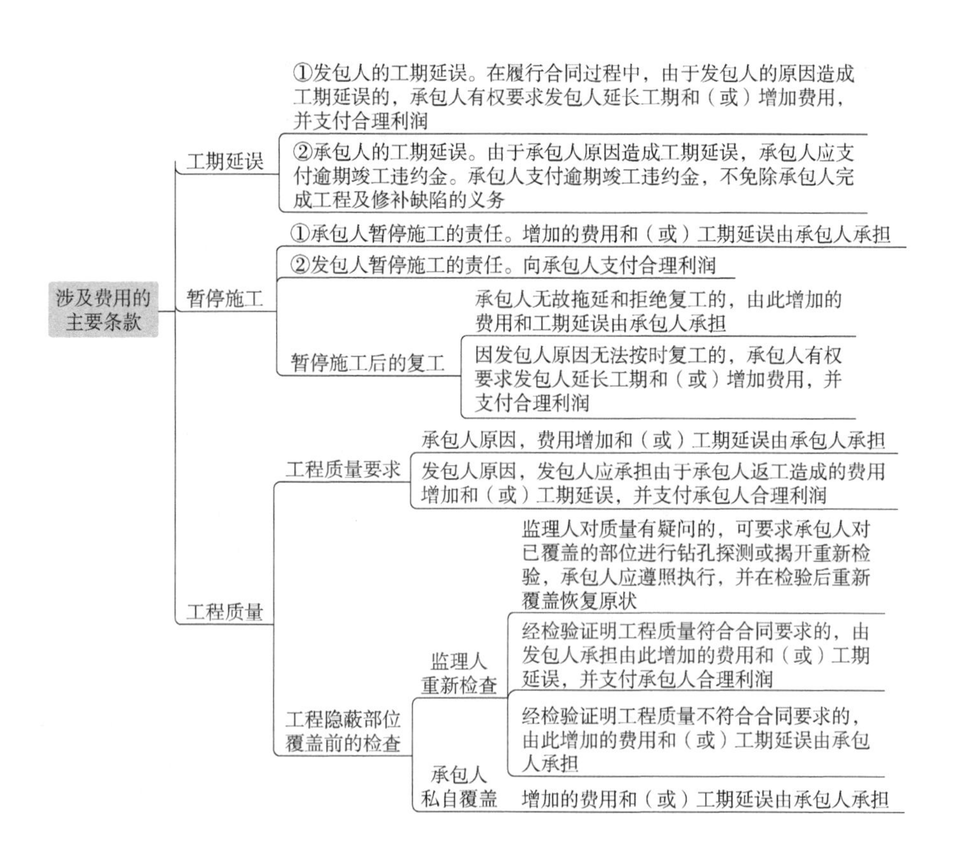

《标准施工招标文件》（2007年版）中的合同条款

- 竣工验收
  - 监理人审查后认为尚不具备竣工验收条件的，应在收到竣工验收申请报告后的28天内通知承包人
  - 认为已具备竣工验收条件的，28天内提请发包人进行工程验收
  - 发包人经过验收后同意接收工程的，应在监理人收到竣工验收申请报告后的56天内，由监理人向承包人出具经发包人签认的工程接收证书
  - 除专用合同条款另有约定外，经验收合格工程的实际竣工日期，以提交竣工验收申请报告的日期为准，并在工程接收证书中写明
  - 发包人在收到承包人竣工验收申请报告56天后未进行验收的，视为验收合格，实际竣工日期以提交竣工验收申请报告的日期为准，但发包人由于不可抗力不能进行验收的除外
- 缺陷责任与保修责任
  - 缺陷责任　缺陷责任期内，发包人对已接收使用的工程负责日常维护工作
  - 缺陷责任期的延长
    - 缺陷责任期最长不超过2年
    - 在缺陷责任期（或延长的期限）终止后14天内，由监理人向承包人出具经发包人签认的缺陷责任期终止证书，并退还剩余的质量保证金
  - 保修责任
    - 保修期自实际竣工日期起计算
    - 在全部工程竣工验收前，已经发包人提前验收的单位工程，其保修期的起算日期相应提前

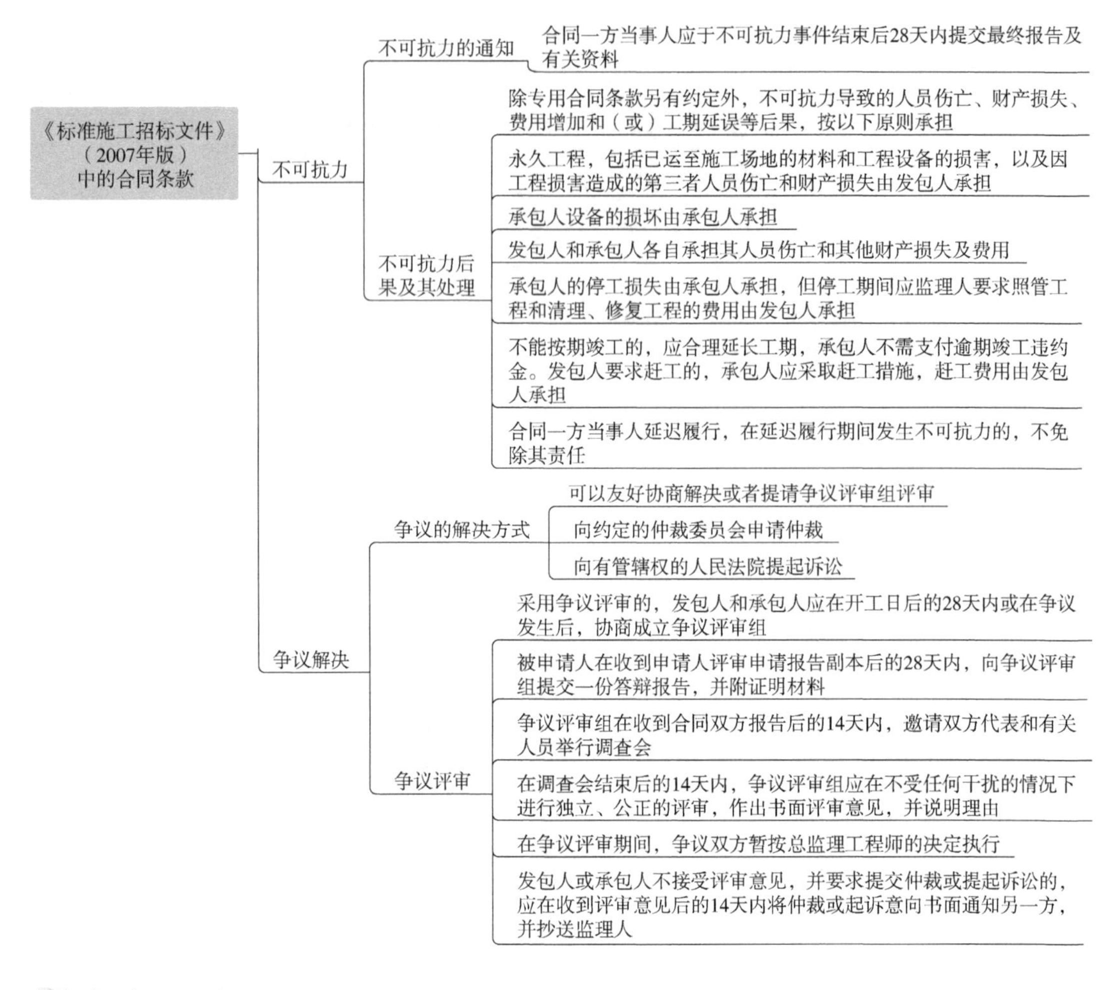

实战训练

1. 根据《标准施工招标文件》，合同双方发生争议采用争议评审的，除专用合同条款另有约定外，争议评审组应在（　　）内做出书面评审意见。

A. 收到争议评审申请报告后 28 天

B. 收到被申请人答辩报告后 28 天

C. 争议调查会结束后 14 天

D. 收到合同双方报告后 14 天

答案：C

2. 根据《标准施工招标文件》中的合同条款，需要由承包人承担的有（　　）。

A. 承包人协助监理人使用施工控制网所发生的费用

B. 承包人车辆外出行驶所发生的场外公共道路通行费用

C. 发包人提供的测量基准点有误导致承包人测量放线返工所发生的费用

D. 监理人剥离检查已覆盖合格隐蔽工程所发生的费用

E. 承包人修建临时设施需要临时占地所发生的费用

答案：AB

2.《标准设计施工总承包招标文件》中的合同条款

- 《标准设计施工总承包招标文件》中的合同条款
  - 合同价格和费用
    - 价格清单
      - 构成合同文件组成部分的由承包人按规定格式和要求填写并标明价格的清单
  - 涉及费用的主要条款
    - 1. 材料和工程设备（同《标准招标施工文件》）
    - 2. 施工设备和临时设施（同《标准招标施工文件》）
    - 3. 测量放线（同《标准招标施工文件》）
    - 4. 开始工作和竣工
      - ①开始工作
        - 因发包人造成监理人未能在合同签订之日起90天内发出开始工作通知的，承包人有权提出价格调整要求，或解除合同
        - 发包人应当承担由此增加的费用和（或）工期延误，并向承包人支付合理利润
      - ②发包人引起的工期延误
        - 发包人承担延长工期和（或）增加费用，并支付合理利润
      - ③异常恶劣的气候条件
        - 发包人承担延长的工期和（或）增加的费用
      - ④承包人引起的工期延误
        - 承包人应采取措施加快进度，并承担加快进度所增加的费用
        - 造成工期延误，承包人应支付逾期竣工违约金
        - 承包人支付违约金，不免除承包人完成工程及修补缺陷的义务
      - ⑤工期提前
        - 发包人承担由此增加的费用
        - 并向承包人支付专用合同条款约定的相应奖金
      - ⑥行政审批迟延
        - 因国家有关部门审批迟延造成费用的增加和（或）工期延误的，由发包人承担
    - 5. 暂停工作
      - 由发包人暂停工作
      - 由承包人暂停工作
    - 6. 工程质量（同《标准招标施工文件》）
    - 7. 预付款
      - 预付款的额度和支付在专用合同条款中约定
      - 承包人在收到预付款的同时向发包人提交预付款保函，预付款保函的担保金额应与预付款金额相同，并根据预付款扣回的金额相应递减
    - 8. 工程进度付款
      - 监理人在收到承包人进度付款申请单后14天内完成审核
      - 发包人最迟应在监理人收到进度付款申请后28天内将进度应付款支付给承包人
      - 监理人出具进度付款证书，不视为监理人已同意，批准或接受承包人完成的该部分工作
    - 9. 竣工结算
      - 工程接收证书颁发后，承包人向监理人提交竣工付款申请单
      - 监理人在收到竣工付款申请单后的14天内完成核查，提出应付价款给发包人审核并抄送承包人
      - 发包人在收到后14天内由监理人向承包人出具经发包人签认的竣工付款证书
      - 发包人在监理人出具竣工付款证书后的14天内支付应支付款给承包人
    - 10. 最终结清
      - 缺陷责任期终止证书签发后，承包人向监理人提交最终结清申请单
      - 发包人应在监理人出具最终结清证书后的14天内支付应支付款给承包人

实战训练

1. 根据《标准设计施工总承包招标文件》发包人最迟应当在监理人收到进度付款申请单的（　　）天内，将进度应付款支付给承包人。

A. 14　　B. 21　　C. 28　　D. 30

答案：C

2. 根据《标准设计施工总承包招标文件》，（　　），承包人可按专用合同条款约定的份数和期限向监理人提交最终结清申请单。

A. 缺陷责任期终止证书签发后　　B. 缺陷责任期终止证书签发前

C. 工程接收证书颁发后　　D. 工程接收证书颁发前

答案：A

二、国际工程施工合同示范文本

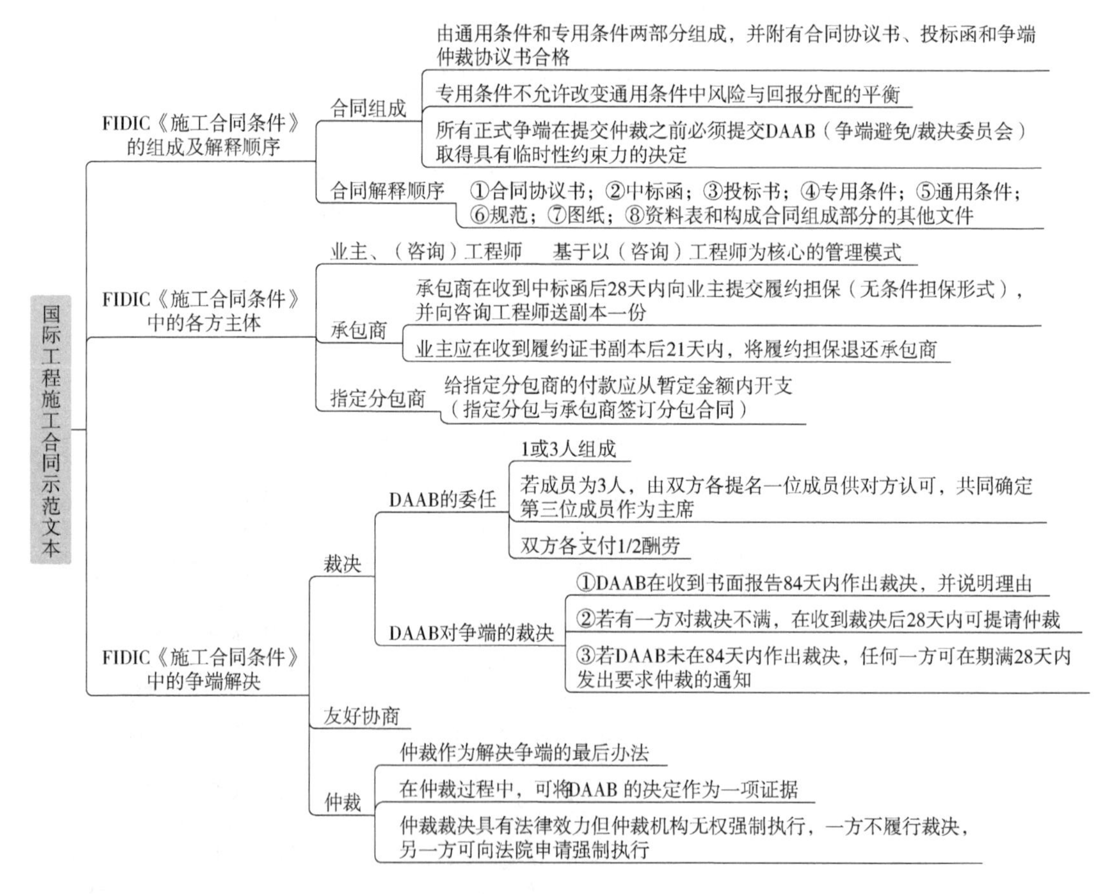

实战训练

1. 根据FIDIC《施工合同条件》，给指定分包商的付款应从（　　）中开支。

A. 暂定金额　　　　B. 暂估价

C. 分包管理费　　　　D. 应分摊费用

答案：A

2. 根据FIDIC《施工合同条件》的规定，关于争端裁决委员会（DAB）及其裁决的说法，正确的有（　　）。（注：DAB2017年后升级为DAAB）

A. DAB须由3人组成

B. 合同双方共同确定DAB主席

C. DAB成员的酬金由合同双方各支付一半

D. 合同当事人有权不接受DAB的裁决

E. 合同双方对DAB的约定排除了合同仲裁的可能性

答案：BCD

考点四：施工投标报价策略

一、基本策略

施工投标报价基本策略

- 报高价的情形
  - ①施工条件差的工程（如条件艰苦、场地狭小或地处交通要道等）
  - ②专业要求高的技术密集型工程且投标单位在这方面有专长，声望也较高
  - ③总价低的小工程，以及投标单位不愿做而被邀请投标，又不便不投标的工程
  - ④特殊工程，如港口码头、地下开挖工程等
  - ⑤投标对手少的工程
  - ⑥工期要求紧的工程
  - ⑦支付条件不理想的工程
- 报低价的情形
  - ①施工条件好的工程，工作简单、工程量大而其他投标人都可以做的工程（如大量土方工程、一般房屋建筑工程等）
  - ②投标单位急于打入某一市场、某一地区，或虽已在某一地区经营多年，但即将面临没有工程的情况，机械设备无工地转移时
  - ③附近有工程而本项目可利用该工程的设备、劳务或有条件短期内突击完成的工程
  - ④投标对手多，竞争激烈的工程
  - ⑤非急需工程
  - ⑥支付条件好的工程

实战训练

对投标人而言，下列可适当降低报价的情形是（　　）。

A. 总价低的小工程　　　　B. 施工条件好的工程

C. 投标人专业声望较高的工程　　　　D. 不愿承揽又不方便不投标的工程

答案：B

二、报价技巧

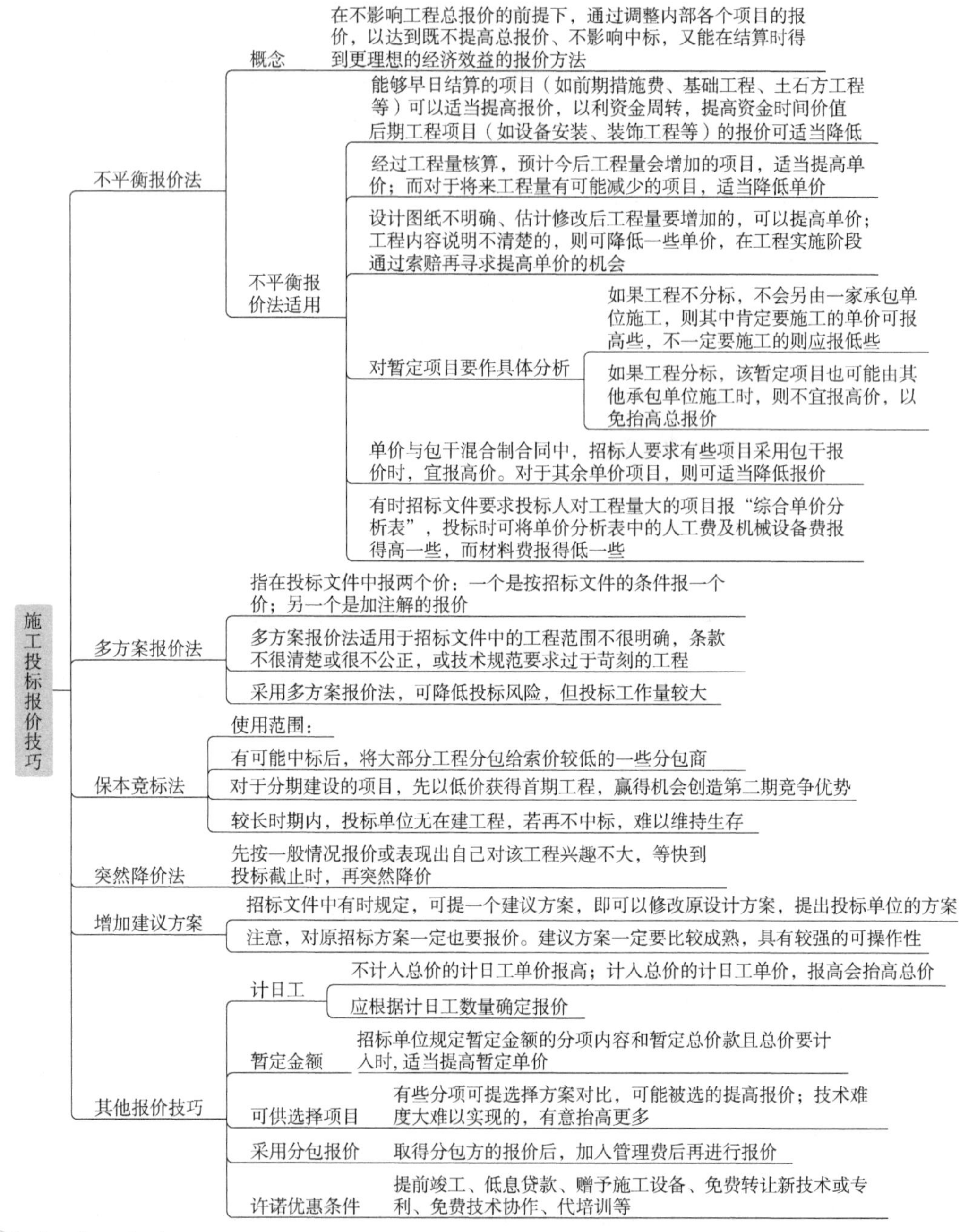

实战训练

1. 招标人在施工招标文件中规定了暂定金额的分项内容和暂定总价款时，投标人可采用的报价策略是（　　）。

A. 适当提高暂定金额分项内容的单价　　B. 适当减少暂定金额中的分项工程量

C. 适当降低暂定金额分项内容的单价　　D. 适当增加暂定金额中的分项工程量

答案：A

2. 对于工程范围不很明确，条款不清楚或很不公正，或技术规范要求过于苛刻的招标文件，投标者采用的投标策略是（　　）。

A. 根据招标项目的不同特点采用不同报价　B. 可供选择项目的报价

C. 多方案报价　D. 增加建议方案

答案：C

考点五：施工评标与授标

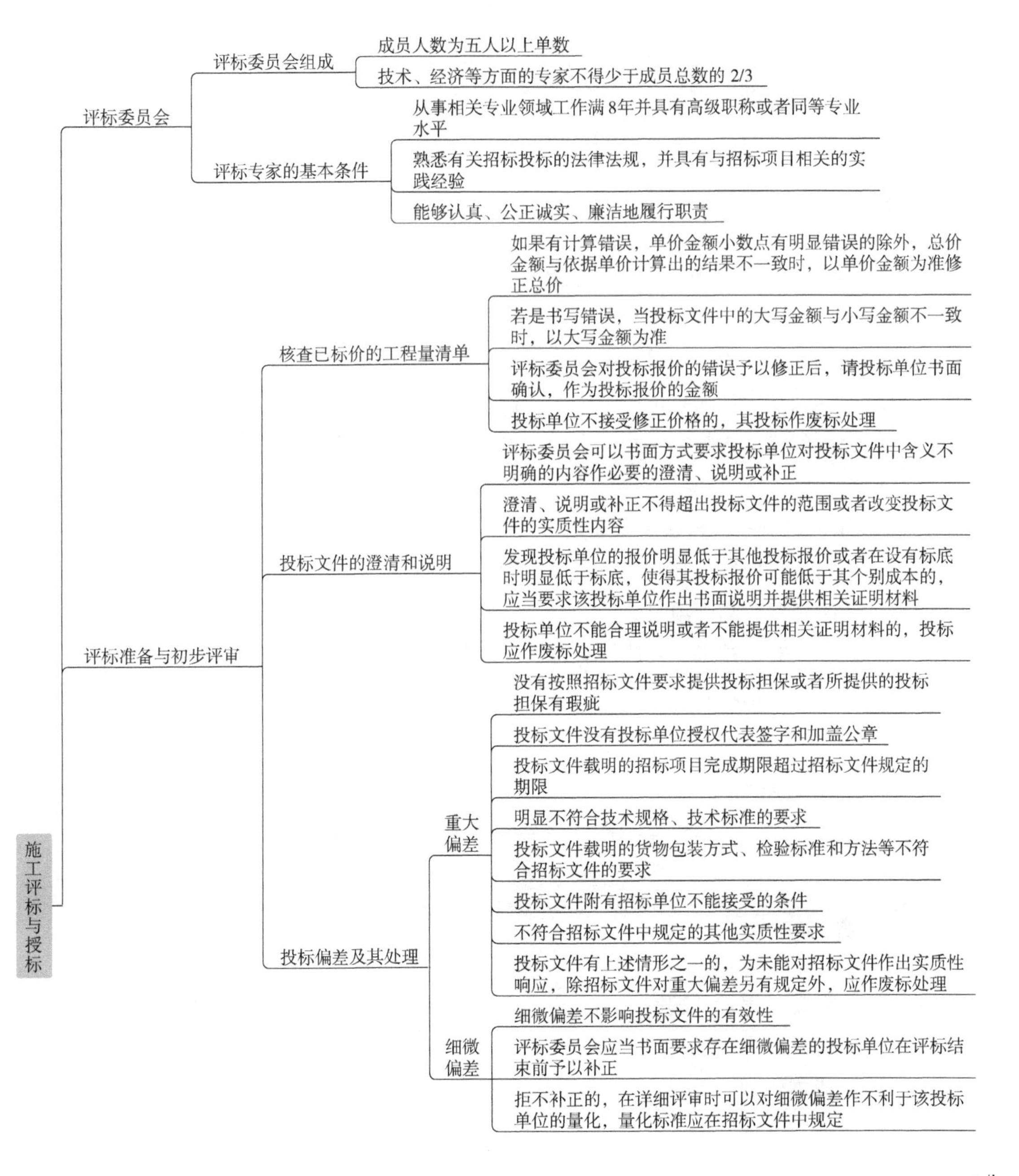

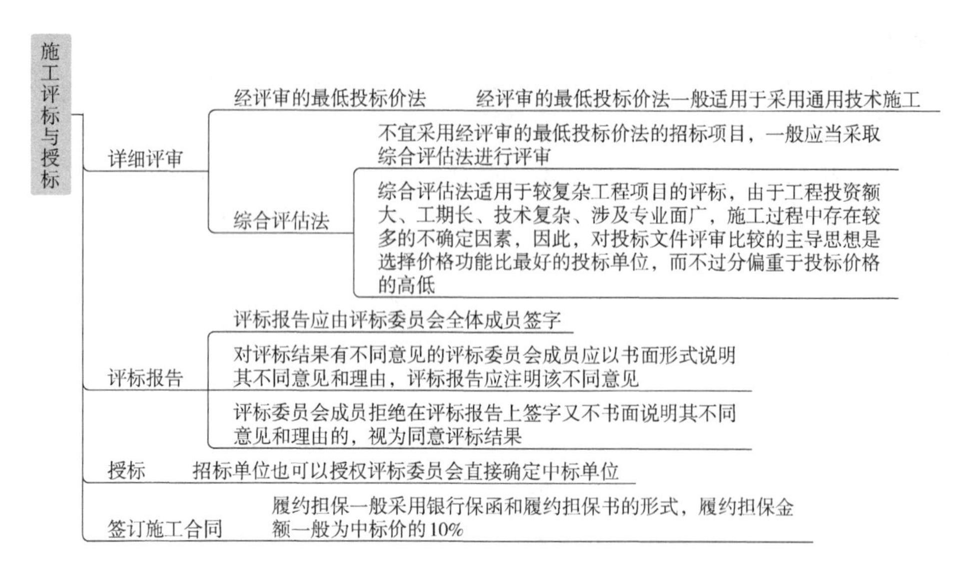

实战训练

1. 下列建设项目施工招标、投标、评标、定标的表述正确的是（　　）。

A. 若有评标委员会成员拒绝在评标报告上签字同意的，评标报告无效

B. 使用国家融资的项目，招标人不得授权评标委员会直接确定中标人

C. 招标人和中标人只按照中标人的投标文件订立书面合同

D. 合同签订后 5 日内，招标人应当退还中标人和未中标人的投标保证金

答案：D

2. 经评审的最低投标价法主要适用于（　　）。

A. 项目工程内容及技术经济指标未确定的项目

B. 后续费用较高的项目

C. 招标人对其技术、性能没有特殊要求的项目

D. 风险较大的项目

答案：C

第四节　施工阶段造价管理

核心考点

考点一：资金使用计划编制

考点二：施工成本管理

一、施工成本管理流程

二、施工成本管理方法

考点三：工程变更与索赔管理

一、工程变更管理

二、工程索赔管理

考点四：工程费用动态管理

一、费用偏差及其表示方法

二、常用偏差分析方法

三、偏差产生原因及控制措施

考点一： 资金使用计划编制

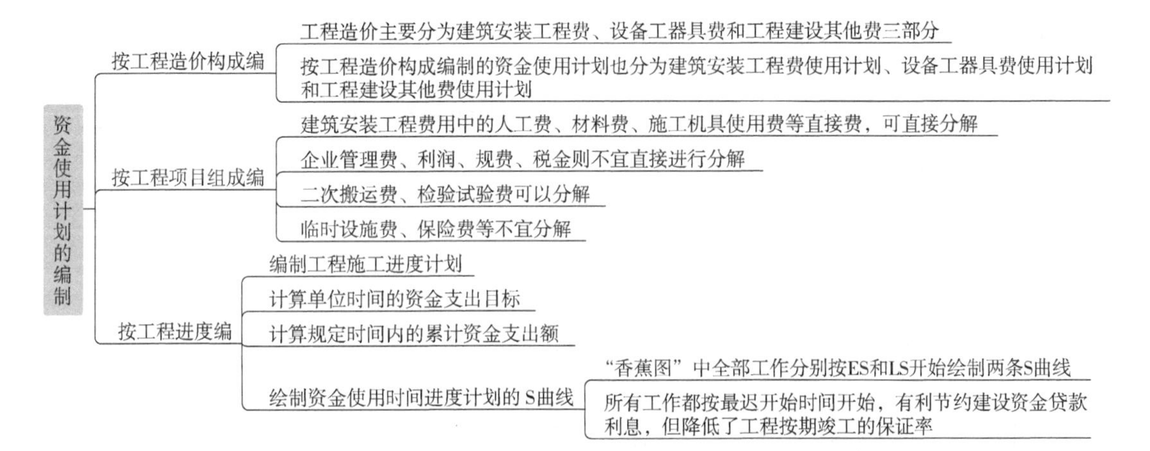

实战训练

1. 按工程进度绘制的资金使用计划S曲线必然包括在"香蕉图"内，该"香蕉图"是由工程网络计划中全部工作分别按（　　）绘制的两条S曲线组成。

A. 最早开始时间（ES）开始和最早完成时间（EF）完成

B. 最早开始时间（ES）开始和最迟开始时间（LS）完成

C. 最迟开始时间（LS）开始和最早完成时间（EF）完成

D. 最迟开始时间（LS）开始和最迟完成时间（LF）完成

答案：B

2. 按工程项目组成编制施工阶段资金使用计划时，建筑安装工程费中可直接分解到各个工程分项的费用有（　　）。

A. 企业管理费　　B. 临时设施费

C. 材料费　　D. 施工机具使用费

E. 职工养老保险费

答案：CD

考点二：施工成本管理

一、施工成本管理流程

施工成本管理的流程

- 成本预测→成本计划→成本控制→成本核算→成本分析→成本考核
- 成本预测是成本计划的编制基础
- 成本控制对成本计划进行监督
- 成本核算是成本计划的最后检查，其提供的数据又是成本预测、计划、控制和考核的依据
- 成本分析为成本考核提供依据，并指明方向，成本考核是实现目标的保证和手段

实战训练

1. 成本分析、成本考核、成本核算是建设工程项目施工成本管理的重要环节，此三项工作而言，其正确的工作流程是（　　）。

A. 成本核算——成本分析——成本考核

B. 成本分析——成本考核——成本核算

C. 成本考核——成本核算——成本分析

D. 成本分析——成本核算——成本考核

答案：A

2. 关于施工成本管理各项工作之间关系的说法，正确的是（　　）。

A. 成本计划能对成本控制的实施进行监督

B. 成本核算是成本计划的基础

C. 成本核算是实现成本目标的保证

D. 成本分析为成本考核提供依据

解析：D

二、施工成本管理方法

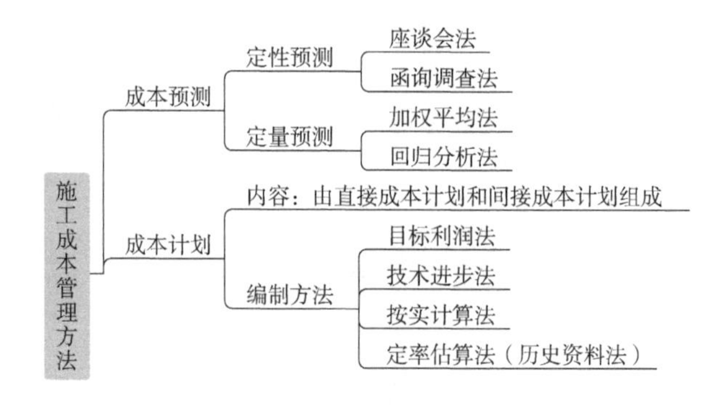

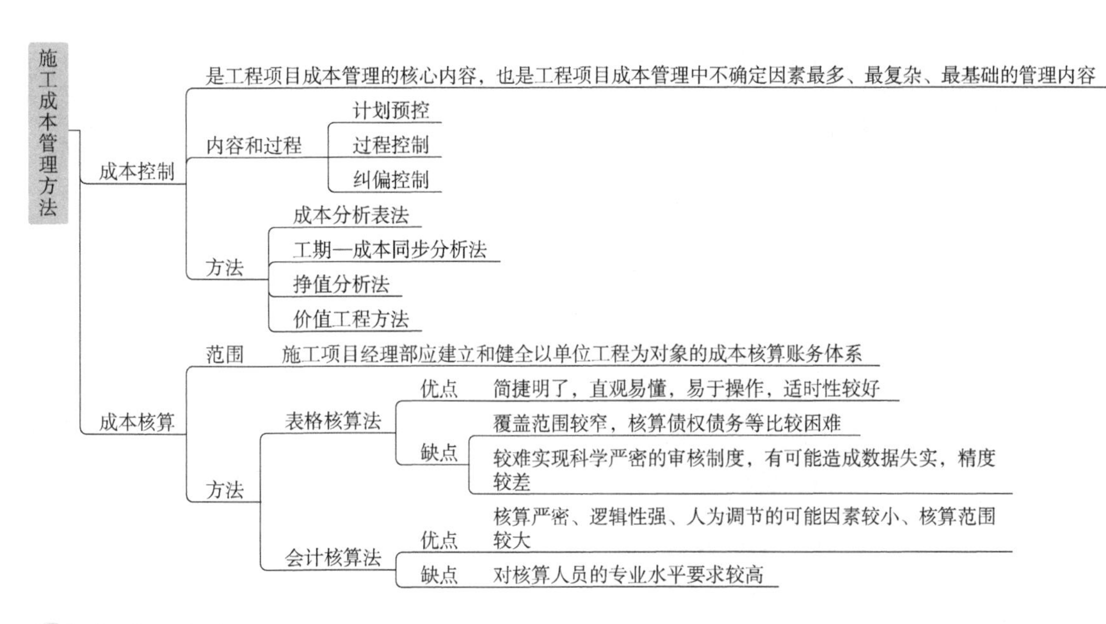

实战训练

1. 下列方法中，可用于施工成本定性预测和定量预测的方法分别是（　　）。

A. 目标利润法和加权平均法　　B. 函询调查法和回归分析法

C. 技术进步法和按实计算法　　D. 座谈会法和定率估算法

答案：B

2. 施工合同签订后，工程项目施工成本计划的常用编制方法有（　　）。

A. 专家意见法　　B. 功能指数法

C. 目标利润法　　D. 技术进步法

E. 定率估算法

答案：CDE

3. 为核算施工成本，施工项目经理部应建立和健全以（　　）为对象的成本核算财务体系。

A. 单位工程　　B. 单项工程

C. 分部工程　　D. 分项工程

答案：A

4. 作为施工项目成本核算的方法之一，表格核算法的特点有（　　）。

A. 便于操作　　B. 逻辑性强

C. 核算范围大　　D. 适时性较好

E. 表格格式自由

答案：AD

- 固定资产折旧
  - 平均年限法
    - 也称直线法。按照固定资产的预计使用年限平均分摊固定资产折旧额的方法。折旧额在各个使用年（月）份都是相等的
    - 年折旧率=（1-预计净残值率）/ 折旧年限 ×100%
    - 年折旧额=固定资产原值 × 年折旧率
  - 工作量法
    - 按照固定资产生产经营过程中所完成的工作量计提折旧的一种方法
    - 按照行驶里程计算
      - 单位里程折旧额=原值 ×（1-预计净残值率）/ 规定的总行驶里程
      - 年折旧额=年实际行驶里程 × 单位里程折旧额
    - 按照台班计算
      - 每台班折旧额=原值 ×（1-预计净残值率）/ 规定的总工作台班
      - 年折旧额=年实际工作台班 × 每台班折旧额
  - 双倍余额递减法
    - 按固定资产账面净值和固定的折旧率计算折旧的方法，加速折旧法
    - 年折旧率=2/ 折旧年限 × 100%
    - 年折旧额=固定资产账面净值 × 年折旧率
  - 年数总和法
    - 也称年数总额法，加速折旧法
    - 以固定资产原值减去预计净残值后的余额为基数，折旧率以该项固定资产预计尚可使用的年数（包括当年）作分子，以逐年可使用年数之和作分母。折旧率逐年递减，折旧额也逐年递减
    - 年折旧率=（折旧年限-已使用年限）/［折旧年限 ×（折旧年限+1）÷2］×100%
    - 年折旧额=（固定资产原值-预计净残值）× 年折旧率

实战训练

1. 对于不同年份使用程度差别大的专业机械、设备，宜采用（　　）计提折旧。

A. 工作量法　　B. 平均年限法

C. 年数总和法　　D. 双倍余额递减法

答案：A

2. 下列施工机械折旧方法中，年折旧率为固定值的是（　　）。

A. 平均年限法和年数总和法　　B. 工作量法和加速折旧法

C. 平均年限法和双倍余额递减法　　D. 工作量法和年数总和法

答案：C

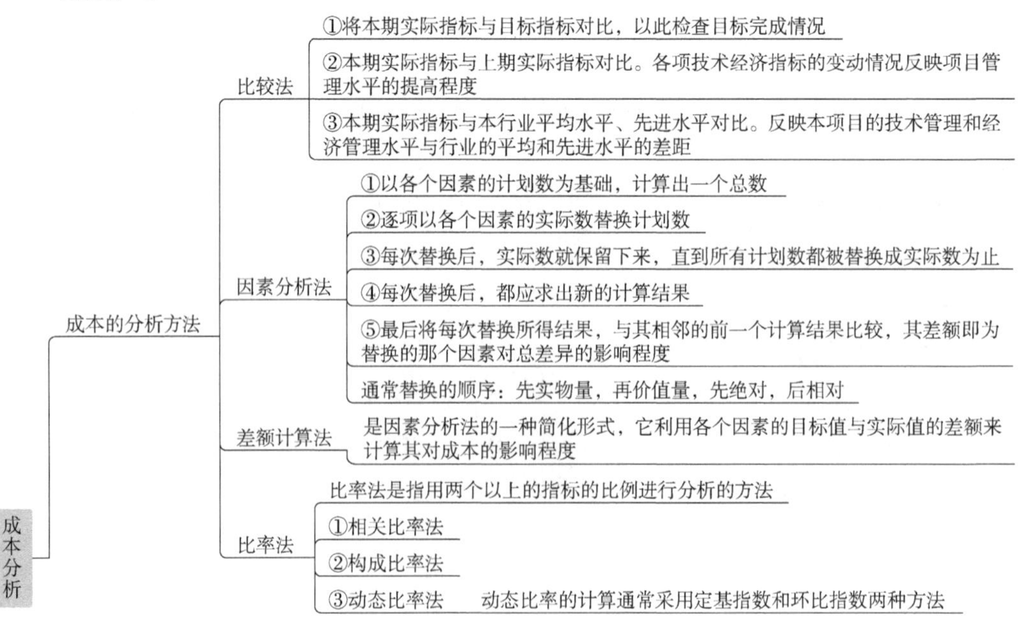

- 成本分析
  - 综合成本的分析方法
    - 分部分项工程成本分析
      - 进行预算成本、目标成本和实际成本的“三算”对比
      - 分别计算实际成本与预算成本、实际成本与目标成本的偏差
    - 月（季）度成本分析
    - 年度成本分析
      - 企业成本要求按年结算，不得将本年成本转入下一年度。施工成本通常按寿命期计算
    - 竣工成本的综合分析
      - 竣工成本分析
      - 主要资源节超对比分析
      - 主要技术节约措施及经济效果分析

实战训练

1. 施工项目成本分析的基本方法包括（　　）。

A. 因素分析法　　B. 差额计算法

C. 强制评分法　　D. 动态比率法

E. 相关比率法

答案：ABDE

2. 下列成本分析方法中，主要用来确定目标成本、实际成本和降低成本的比例关系，从而为寻求降低成本的途径指明方向的是（　　）。

A. 构成比率法　　B. 相关比率法

C. 因素分析法　　D. 差额计算法

答案：A

3. 关于分部分项工程成本分析资料来源的说法，正确的有（　　）。

A. 预算成本以施工图和定额为依据确定

B. 预算成本的各种信息是成本核算的依据

C. 计划成本通过目标成本与预算成本的比较确定

D. 实际成本来自实际工程量、实耗人工和实耗材料

E. 目标成本是分解到分部分项工程上的计划成本

答案：ADE

- 成本考核
  - 企业的项目成本考核指标
    - 项目施工成本降低额=项目施工合同成本–项目实际施工成本
    - 项目施工成本降低率=项目施工成本降低额/项目施工成本×100%
  - 项目经理部可控责任成本考核指标
    - 项目经理责任目标总成本降低额和降低率
      - 目标总成本降低额=项目经理责任目标总成本–项目竣工结算总成本
      - 目标总成本降低率=目标总成本降低额/项目经理责任目标总成本×100%
    - 施工责任目标成本实际降低额和降低率
      - 施工责任目标成本实际降低额=施工责任目标总成本–工程竣工结算总成本
      - 施工责任目标成本降低率=施工责任目标成本实际降低额/施工责任目标总成本×100%
    - 施工计划成本实际降低额和降低率
      - 施工计划成本实际降低额=施工计划总成本–工程竣工结算总成本
      - 施工计划成本实际降低率=施工计划成本实际降低额/施工计划总成本×100%

实战训练

下列施工成本考核指标中，属于施工企业对项目成本考核的是（　　）。

A. 项目施工成本降低率　　B. 目标总成本降低率

C. 施工责任目标成本实际降低率　　D. 施工计划成本实际降低率

答案：A

考点三： 工程变更与索赔管理

一、工程变更管理

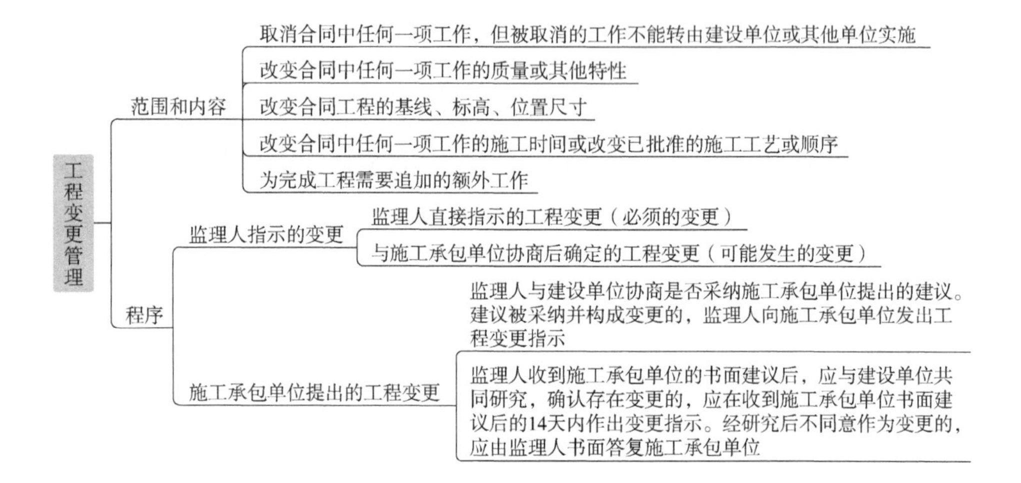

实战训练

1. 工程施工过程中，对于施工承包单位要求的工程变更，施工承包单位提出的程序是（　　）。

A. 向建设单位提出书面变更请求，阐明变更理由

B. 向设计单位提出书面变更请求，并附变更图纸

C. 向监理人提出书面变更通知，并附变更详情

D. 向监理人提出书面变更建议，阐明变更依据

答案：D

2. 关于工程变更的说法，正确的是（　　）。

A. 监理人要求承包人改变已批准的施工工艺或顺序不属于变更

B. 发包人通过变更取消某项工作从而转由他人实施

C. 监理人要求承包人为完成工程需要追加的额外工作不属于变更

D. 承包人不能全面落实变更指令而扩大的损失由承包人承担

答案： D

二、工程索赔管理

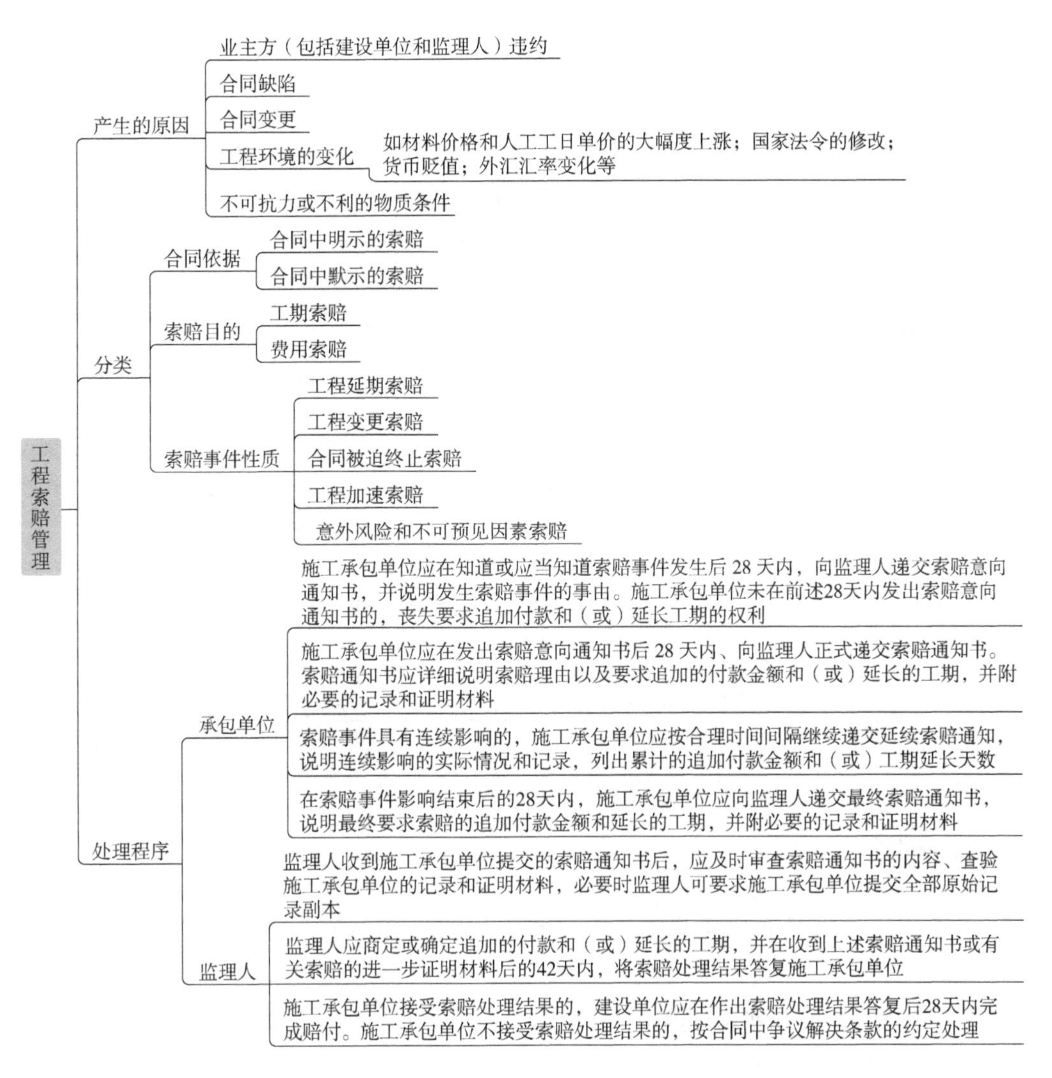

实战训练

根据《标准施工招标文件》，由施工承包单位提出的索赔按程序得到了处理，且施工单位接受索赔处理结果的，建设单位应在做出索赔处理答复后（ ）天内完成赔付。

A. 14　　B. 21　　C. 28　　D. 42

答案： C

考点四：工程费用动态管理

一、费用偏差及其表示方法

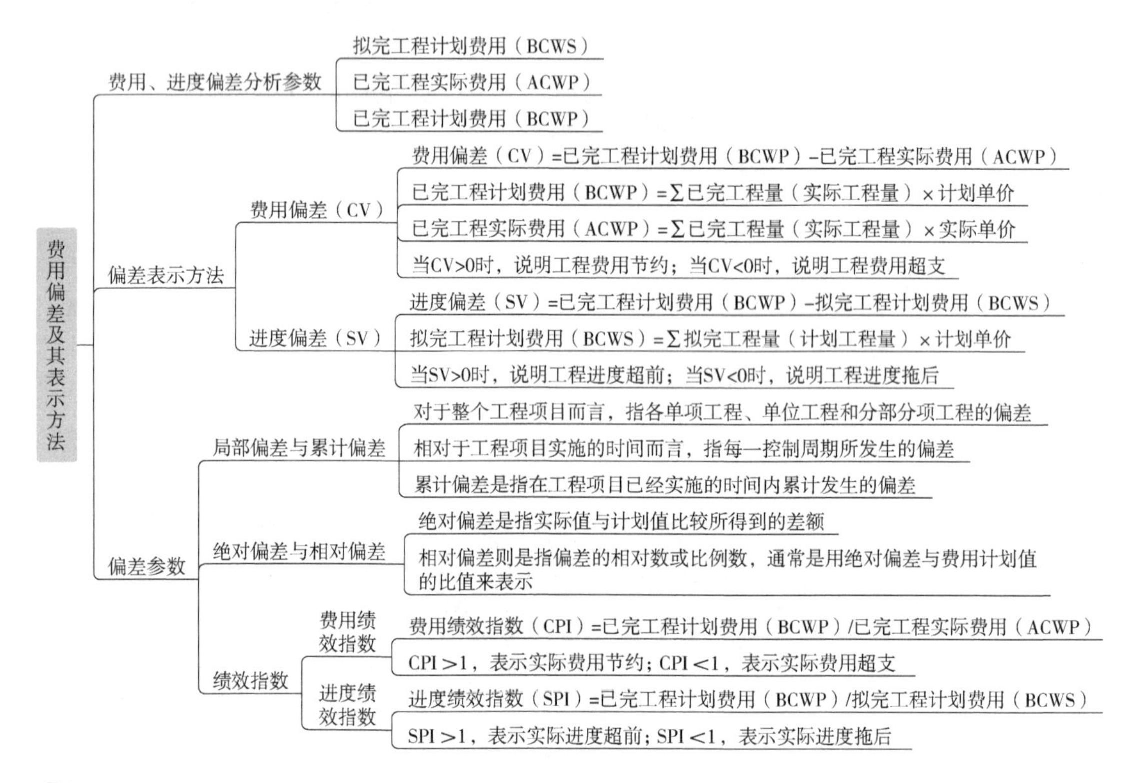

实战训练

1. 某工程施工至月底，经偏差分析得到费用偏差 CV <0，进度偏差 SV <0，则说明（　　）。

A. 已完工程实际费用节约

B. 已完工程实际费用 > 已完工程计划费用

C. 拟完工程计划费用 > 已完工程实际费用

D. 已完工程实际进度超前

E. 拟完工程计划费用 > 已完工程计划费用

答案：BE

2. 某工程施工至 2016 年 12 月底，已完工程计划费用为 2000 万元，拟完工程计划费用为 2500 万元，已完工程实际用为 1800 万元，则此时该工程的费用绩效指数 CPI 为（　　）。

A. 0.8　　B. 0.9　　C. 1.11　　D. 1.25

答案：C

二、常用偏差分析方法

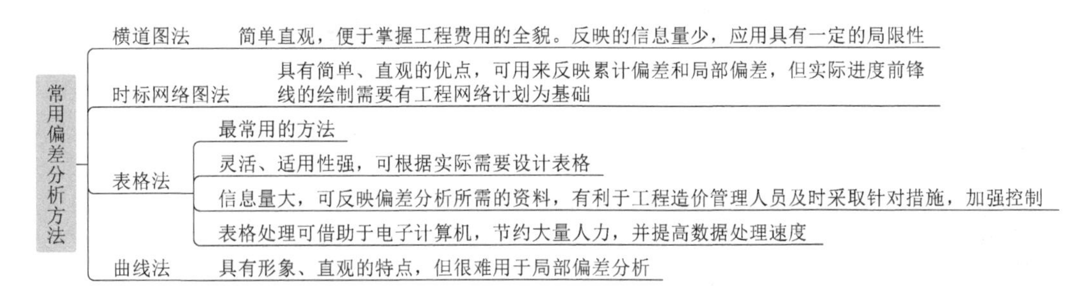

实战训练

下列偏差分析方法中，既可分析费用偏差，又可分析进度偏差的是（　　）。

A. 时标网络图和曲线法　　B. 曲线法和控制图法

C. 排列图法和时标网络图法　　D. 控制图法和表格法

答案：A

三、偏差产生原因及控制措施

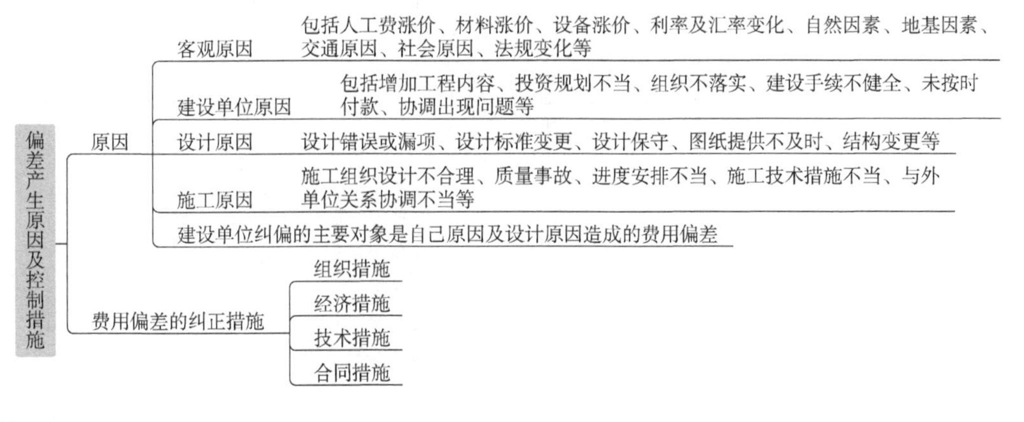

实战训练

1. 在工程费用监控过程中，明确费用控制人员的任务和职责分工，改善费用控制工作流程等措施，属于费用偏差纠正的（　　）。

A. 合同措施　　B. 技术措施

C. 经济措施　　D. 组织措施

答案：D

2. 下列引起工程费用偏差的情形中，属于施工单位原因的是（　　）。

A. 设计标准变更　　B. 增加工程内容

C. 施工进度安排不当　　D. 建设手续不健全

答案：C

第五节　竣工阶段造价管理

核心考点

考点一：工程结算及其审查

考点二：工程质量保证金预留与返还

考点一：　工程结算及其审查

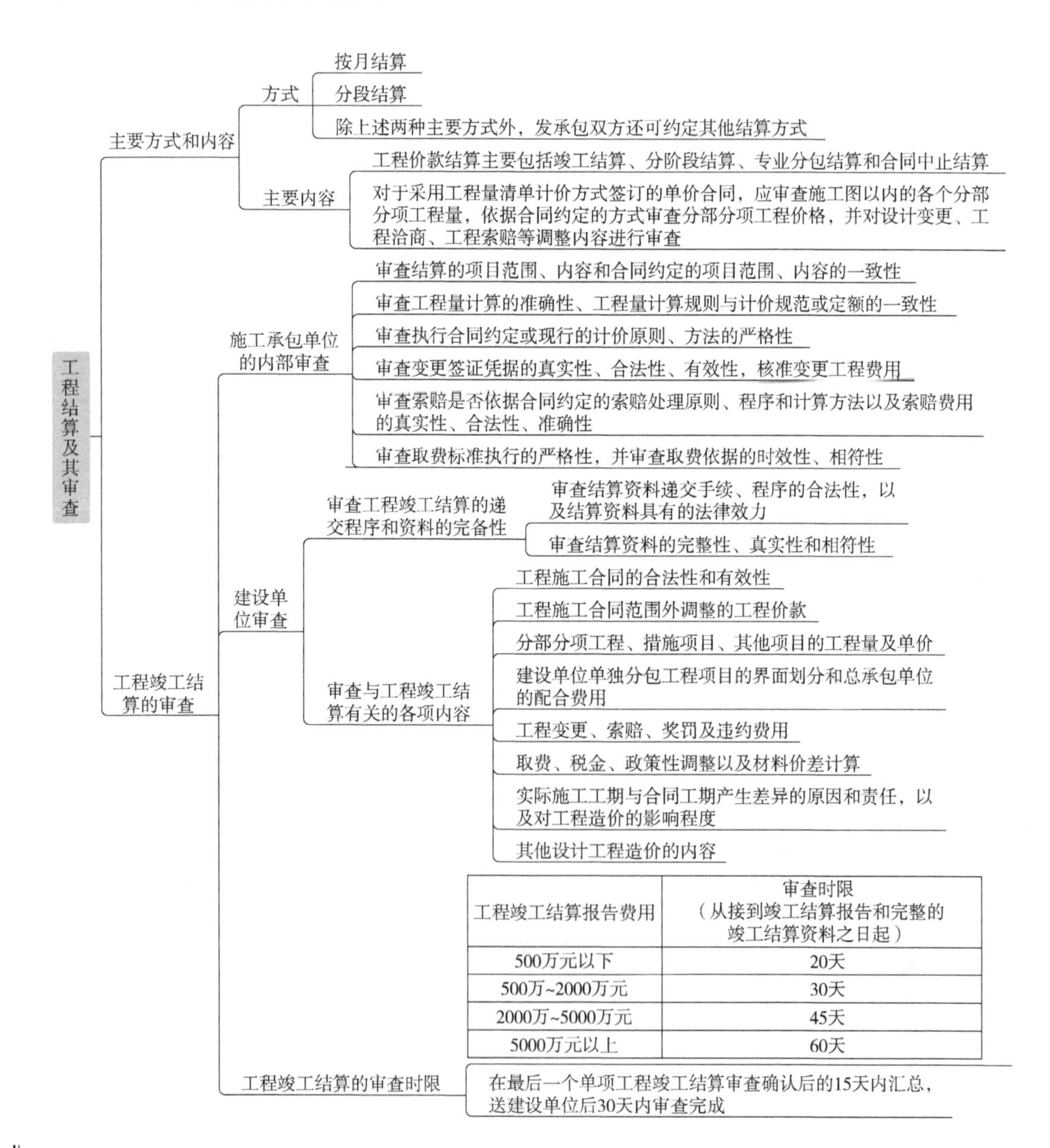

工程竣工结算报告费用	审查时限（从接到竣工结算报告和完整的竣工结算资料之日起）
500万元以下	20天
500万~2000万元	30天
2000万~5000万元	45天
5000万元以上	60天

实战训练

1. 根据《建设工程价款结算暂行办法》，对于施工承包单位递交的金额为6000万元的工程竣工结算报告，建设单位的审查时限是（　　）天。

A. 30　　B. 45　　C. 60　　D. 90

答案： C

2. 关于工程竣工结算的说法，正确的有（　　）。

A. 工程竣工结算分为单位工程竣工结算和单项工程竣工结算

B. 工程竣工结算均由总承包单位编制

C. 建设单位审查工程竣工结算的递交程序和资料的完整性

D. 施工承包单位要审查工程竣工结算的项目内容与合同约定内容的一致性

E. 建设单位要审查实际施工工期对工程造价的影响程度

答案： CDE

考点二：　工程质量保证金预留与返还

工程质量保证金预留与返还
- 定义：建设单位与施工承包单位在工程合同中约定，从应付工程款中预留，用以保证施工承包单位在缺陷责任期内对建设工程出现的缺陷进行维修的资金
- 缺陷责任期起算时间及延长
  - 一般为1年，最长不超过2年
  - 从实际通过竣工验收之日起算
  - 承包人导致无法按期竣工，从实际通过竣工验收之日起算
  - 由发包人导致无法竣工验收的，在承包人提交竣工验收报告90天后，工程自动进入缺陷责任期
- 工程质量保证金预留
  - 不得高于工程款结算价格的3%
  - 已缴履约保证金或质量保证担保、质量保险的不得再预留质保金
- 工程质量保证金的返还：发包人在接到承包人返还保证金申请14天内核实承包人是否按照合同约定的内容，如无异议，在核实后按照约定将保证金返还给承包人

实战训练

某工程合同约定以银行保函替代预留工程质量保证金，合同签约价为800万元。工程价款结算总额为780万元。依据《建设工程质量保证金管理办法》，该保函金额最大为（　　）万元。

A. 15.6　　B. 16.0　　C. 23.4　　D. 24.0

答案： C